KB176134

모던의 흔적을 찾아가는 인문 여행

상하이
노스탤지어

모던의 흔적을 찾아가는 인문 여행

상하이 노스탤지어

초판인쇄 2016년 3월 21일
초판발행 2016년 3월 21일

글 · 사진 하상일
펴 낸 이 채종준
기   획 조가연
편   집 조은아
디 자 인 이효은
마 케 팅 황영주 · 김지선

펴 낸 곳 한국학술정보(주)
주   소 경기도 파주시 회동길 230(문발동)
전   화 031-908-3181(대표)
팩   스 031-908-3189
홈페이지 http://ebook.kstudy.com
E-mail 출판사업부 publish@kstudy.com
등   록 제일산-115호(2000. 6. 19)

ISBN 978-89-268-7144-7 03980

모던의 흔적을 찾아가는 인문 여행

상하이
노스탤지어

NOSTALGIA FOR
SHANGHAI

글 · 사진 / **하상일**

이담
Books

니하오,
상하이
你好, 上海

2014년 3월부터 2015년 2월까지 연구년을 맞이하여 중국 상하이에서 1년 동안 지냈다. 식민지 시기 한국 근대 문인들이 활동했던 가장 큰 중국 무대는 만주, 지금의 동북삼성東北三省으로 불리는 지린성吉林省, 랴오닝성遼寧省, 헤이룽장성黑龍江省이지만, 그에 못지않게 중요한 장소가 바로 상하이라는 사실에 주목하여 상하이로 이주한 한국 근대 문인들의 주요 활동과 관련된 연구를 진행하고자 했다. 하지만 1년이란 짧은 시간 동안 상하이로 간 한국 근대 문인들에 대한 전면적인 논의를 하기는 힘들다고 판단되어, 우선 1920년 말 베이징北京으로 건너가 상하이, 난징南京을 거쳐 항저우杭州로 가서 즈장之江대학을 다녔던 《그날이 오면》,《상록수》의 작가 심훈沈熏을 중심으로 당시 한국 근대 문인들의 행적과 작품 세계를 개략적으로 살펴보는 것을 우선적인 목표로 삼았다.

2014년 2월 22일 토요일, 날씨는 조금 흐렸지만 오랜만에 따뜻한 겨울 아침, 김해공항에서 오전 8시 50분 비행기를 타고 아시아 최고의 국제도시 상하이로 갔다. 하늘에 떠 있는 비행시간이라고 해봐야 고작 1시간 40분 남짓밖에 안 되는, 내가 사는 부산과는 아주 가까운 거리에 위치하고 있는 상하이. 중국 시간으로 오전 9시 40분에 푸둥浦東국제공항에 도착했다. 중국은 한국보다 표준 시간이 1시간이 늦어 손목시계 시간을 중국 시간에 맞춰 1시간 앞으로 변경하는 것으로 상하이에

서 1년 동안 거주하게 될 외국인으로서의 준
비를 시작했다.

공항을 빠져나와 곧바로 펑셴奉賢에 있는 상
해상학원上海商學院*으로 향했다. 그동안 베이
징, 선양瀋陽, 단둥丹東, 항저우, 시안西安, 옌지延
吉 등 중국 곳곳을 여러 번 다녀봤지만, 상하이
는 처음이었던 터라 차창 밖으로 보이는 상하

이의 낯선 풍경이 이국에서 느끼는 묘한 설렘을 안겨주었다. 더군다나 잠시 한국을 떠나온 여행자의 마음이 아니라 1년 가까이 이곳에서 살아야 하는 외국인 거주자의 심정으로 바라봤기 때문인지, 차창 밖으로 펼쳐진 상하이의 모습이 아주 특별한 풍경으로 다가왔다. 내가 1년 동안 초빙교수로 머무르게 될 상해상학원은 상하이 소재 33개 4년제 대학 가운데 하나로, 학교 이름에서 알 수 있듯이 비즈니스를 전문으로 하는 대학이다. 상해상학원은 상하이 남동쪽 펑셴에 위치하고 있는데, 외어학원外語學院을 비롯해 관리학원管理學院, 재경학원財經學院, 문법학원文法學院, 정보계산기학원信息計算機學院, 예술설계학원藝術設計學院 등 9개 단과대학에 30여 개의 학과가 설치되어 있는 종합대학이다.

푸둥국제공항으로부터 1시간 정도 거리에 있는 상해상학원에 도착하자마자 월요일부터 시작되는 한국어학과 강의 관련 자료부터 확인했다. 중국은 우리나라와 달리 매년 6월에 대학 입시를 치고 가을에 입학을 하기 때문에 8월 말이나 9월 초부터 시작되는 학기가 신학기가 된다. 그러므로 3월에 시작하는 봄 학기는 우리나라로 치

상해상학원 정경

면 2학기가 되는 셈이다. 강의와 관련된 전반적인 얘기를 듣고 1년간 내가 머무르게 될 숙소에 가보았더니 기숙사라기보다는 좀 오래된 호텔에 가까웠다. 1층부터 8층까지는 대학의 행정 본부 건물로 쓰고 주로 9층에 외국인 교수들이 거주하고 있었다. 시설은 조금 낡았지만 화장실, 샤워부스, 책상, 냉장고, 인터넷 등 일상생활에 필요한 기본적인 것은 모두 갖추고 있어 크게 불편함은 없을 것으로 생각되었다. 상하이로 오기 전 한국에서 미리 보내두었던 소포가 이미 숙소에 도착해 있었다. 짐을 풀어 1년 동안 이곳에서 지내기 편리하도록 생활공간을 세팅하는 것으로 상하이에서의 연구년 생활을 시작했다. 앞으로 한동안은 여러 가지 시행착오를 겪을 수밖에 없겠지만, '한 가지 새로운 경험을 하지 못하면 한 가지 새로운 지혜를 얻지 못한다'는 말을 새삼 되새기면서, 상하이에서 1년을 보내는 동안 지금까지 살아오면서 전혀 겪어보지 못했던 소중한 경험과 지혜를 얻는 의미 있는 시간을 만들어야겠다고 마음속으로 다짐했다.

부산에서 상하이로 오면서 처음으로 외국에서 1년간 혼자 지내야 한다는 데서 오는 설렘과 두려움이 수시로 교차함을 느꼈다. 문득 1920년대 식민지 조선을 떠나 상하이로 온 한국 근대 문인들의 마음은 어떠했을까를 생각해보았다. 그들과 나를 겹쳐 바라본다는 것 자체가 참으로 가당치 않은 생각이지만, 그래도 내게 상하이는 식민지 조선의 지식인들이 가졌던 생각을 조금이나마 이해하는 아주 특별한 장소로 각인되기를 바라는 마음이 앞섰다. 당시 한국의 근대 문인들에게 상하이는 식민지 현실을 넘어서는 이상적 공간으로서의 의미와 조선의 가난한 현실을 극복하는 근대 문명적 공간으로서의 면모를 동시에 지닌 아주 특별한 장소였다. 하지만 이러한 선망과 동경의

평첸의 전경

시선을 비웃기라도 하듯, 당시 상하이의 또 다른 모습은 돈과 육체의 욕망에 사로잡힌, 타락한 근대 도시의 풍경을 고스란히 보여주기도 했다. '광명의 도시'와 '암흑의 도시'라는 극단적 모순이 자연스럽게 공존하는 이중적 공간으로서의 상하이를 당시 식민지 조선의 문인들은 어떤 시선으로 이해하고 바라보았을까?

그들의 생각과 시선을 막연히 쫓아가면서 문득 '그렇다면 지금 내게 상하이는 어떤 의미를 지니고 있는 것일까' 하는 생각이 스쳐 지나갔다. 오늘부터 나는 상하이에서 무엇을 보고 무슨 생각을 하며 또 어떤 일들을 해야 하는 것일까? 무엇보다도 아시아 최고의 국제도시 상하이Shanghai를 걸으면서 나는 지금처럼 화려한 문명적 세계보다는 식민지 근대의 상처와 고통이 아로새겨진 올드 상하이Old Shanghai, 즉 상해上海의 모습을 새롭게 발견하고 싶었다. 내게 상하이와 상해는 현재와 과거, 문명과 전통의 간극 속에서 조금은 다른 시니피앙signifiant과 시니피에signifié로 각인되어 있기 때문이다. 상하이에 머무는 1년 동안 부지런히 상하이를 걸어 다니면서 상해의 역사적, 사회적, 문화적 의미를 새롭게 찾아보고 싶었다. 혼자서 이런저런 생각에 잠겨 있는 동안 어느새 상하이가 내 가슴 안으로 깊숙이 들어옴을 느낄 수 있었다. "니하오, 상하이你好, 上海!"

중국 양쯔강 하구에 위치한 중국 최고의 국제도시 상하이의 행정 구역은 황푸(黃浦)·푸둥신(浦東新)·자베이(閘北)·창닝(長寧)·양푸(楊浦)·푸퉈(普陀)·징안(靜安)·바오산(寶山)·쉬후이(徐匯)·훙커우(虹口)·자딩(嘉定)·민항(閔行)·쑹장(松江)·진산(金山)·칭푸(靑浦)·펑셴(奉賢) 등 16개 구와 충밍(崇明)의 1개 현(縣)으로 이루어져 있다.

차례

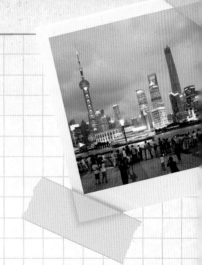

PART 1

상하이를 걸어
일상을 보다

상하이의
교통수단

상하이의 면적은 대략 서울의 10배 정도라고 한다. 그만큼 상하이 안에서 이동을 하려면 거리나 시간이 만만치 않게 걸린다. 하지만 대체로 대중교통이 잘 정비되어 있어서 버스나 지하철을 타면 거의 대부분의 목적지에 갈 수 있다. 다만 이동 거리가 길다 보니 목적지에 도착할 때까지 느긋하게 기다릴 줄 아는 마음이 있어야 하는데, 한국 사람들의 기질상 이런 여유로운 마음을 가진다는 것이 얼마나 힘든 일인지 모른다. 내가 머무는 상해상학원上海商學院에서 상하이 시내까지 대중교통을 이용해 나갔다오려면 왕복 4시간은 족히 예상해야 하니, 우리나라로 치면 최소한 부산과 대구를 오가는 정도의 거리와 시간이 드는 셈이다. 상하이 사람들의 출퇴근 시간이 2시간씩 걸리는 것이 예사라고 하는 걸 보면, 중국 사람들의 시간과 거리 의식이 우리와는 사뭇 다르다는 사실을 비로소 실감할 수 있었다.

숙소에서 시내로 나가는 경로를 예로 들어 설명한다면, 일단 버스정류장에서 신난좐셴莘南專線이라고 적힌 버스를 타고 1시간 남짓 가서 지하철 1호선 신좡역莘莊站에서 내린다. 상하이의 버스는 기본요금이 1위안이고 거리에 따라 1위안씩 증가하는데

1시간 정도 거리면 4위안 정도 된다. 처음 상하이에서 버스를 탔을 때 가장 먼저 눈에 들어온 모습은 1970~80년대 한국에서 그랬던 것처럼 버스마다 요금을 받는 차장이 별도로 있다는 것이었다. 버스요금은 카드나 현금 모두 가능한데, 카드의 경우는 차장이 교통카드 리더기를 들고 직접 버

스 앞뒤로 다니면서 승객들의 목적지를 물어보고, 그에 맞는 요금을 찍은 후 승객들이 카드를 대면 자동으로 요금이 나가는 방식이다. 그리고 현금은 목적지에 따라 적정 금액을 차장에게 내면 옛날 한국에서 사용했던 회수권 비슷한 영수증을 금액대별로 주었다. 이외에 중간 정류장 없이 장거리 구간을 왕복 운행하는 고속 직통 버스도 있는데, 그 요금은 일반 버스보다는 조금 비싸지만 시간이 절약되어서 종점 구간을 이용하는 사람들에게는 아주 편리한 교통수단이다. 상하이 시내 중심의 버스 노선은 일정 구간을 번호로 구분하는 우리나라의 방식과 거의 같은데, 도시가 너무 크고 노선도 아주 많아서 구간에 대한 정보를 정확히 알지 못하면 승하차를 하는 것이 쉽지 않으므로 외국인의 경우에는 버스보다는 지하철을 이용하는 것이 편리하다.

신쫭역은 5호선 환승역이면서 1호선 출발점이다. 신쫭역에서 출발한 지하철은 상하이난역上海南站에서 3호선으로, 상하이티위관역上海體育館站에서 4호선으로, 쉬자후이역徐家匯站에서 9호선 등으로 환승이 가능하다. 현재 상하이 지하철은 1호선부터 16호선(14, 15호선은 미개통)까지의 노선이 있고, 푸둥浦東국제공항에서 룽양루龍陽路까지 운행되는 자기부상열차*를 포함하면 말 그대로 사통팔달이다. 지하철 기본 요금은 3위안으로 버스와 마찬가지로 거리에 따라 차등을 두는데 푸둥국제공항에서 시내

* 독일에서 설계하고 시공한 세계 최초의 상업용 초고속 열차로, 중국어로 '츠푸(磁浮)', 영어로 'Shanghai's Maglev'라고 불린다. 푸둥국제공항에서 룽양루역까지 31km 구간을 최고속도 430km로 달려 약 7분이면 도착한다. 일반석 요금이 편도 50위안이고(당일 항공권이 있으면 40위안으로 할인해준다), 이동 거리가 길지는 않아서 많은 사람들이 이용하지는 않지만 상하이를 찾는 여행자들이 택시를 이용할 것이 아니라면 호기심으로 한 번 타볼 것을 권한다. 세계 어디에 가서 430km의 열차를 경험할 수 있겠는가? 여행은 새로운 경험을 많이 하는 것만으로도 의미 있는 것이 아닐까 생각해본다.

상하이의 지하철은 서울의 지하철보다 크기가 다소 작으며 역과 역 사이가 꽤 멀다.

까지 7위안 정도이고 보통 4~5위안 정도면 목적지에 갈 수 있다. 지하철 티켓은 신용카드 크기의 얇은 플라스틱으로 되어 있는데 들어갈 때는 개찰구 오른편 단말기에 찍고 나올 때는 카드 투입구에 넣으면 된다. 상하이에 일정 기간 거주하는 경우라면 매번 지하철티켓을 사는 것이 번거로우니 충전카드를 사는 편이 좋다. 지하철 충전카드의 보증금은 20위안이고 반납하면 보증금은 되돌려준다.

상하이에 도착하자마자 상해상학원이 있는 펑셴奉賢으로 가서 전혀 실감하지 못했는데, 신창역에 도착하니 상하이 인구가 얼마나 많은지를 눈으로 확인할 수 있었다. 상하이 인구는 이 지역 호적을 갖고 있는 사람이 1,500만, 임시 거류증을 갖고 있는 사람까지 포함하면 2,500만 정도가 된다고 하니 정말 엄청난 수치이다. 공식적으로 통계 안에 있는 상주인구만 해도 대한민국 전체 인구의 절반이 넘는다는 것인데, 실제 등록되지 않은 인구수는 파악되지 않을 정도라고 하니 상하이의 외적 규모는 거의 한 국가 수준에 달한다고 해도 과언이 아니다.

상하이 시민들의 생활 수준이나 평균 월급을 기준으로 생각한다면 상하이에서 택시를 타는 것은 조금 부담스러운 일이다. 하지만 한국과 비교하면 택시요금이 상대적으로 저렴한 편이라 외국인 여행자들의 경우에는 가끔 이용하면 목적지까지 편하게 다닐 수 있다. 상하이 시

내에는 5만여 대의 택시가 있다고 하는데, 색깔에 따라 회사가 구분되므로 신용 있는 택시를 타려면 회사 이름과 색깔에 유의하면 된다. 상하이에서 가장 유명한 택시를 예로 들면, 티파니 블루색 다중大衆, 노란색 창성強生, 녹색 바스巴士, 하얀색 진장錦江, 남색 하이보海博, 이 다섯 회사가 대표적이다. 그리고 밴처럼 생긴 엑스포 택시도 있는데, 상하이엑스포를 준비하면서 여러 회사에서 선발된 우수 운전사를 뽑아 운행하게 했다고 하니 믿을 만하다. 택시의 기본요금은 14위안인데, 펑셴과 같은 외곽만을 운행하는 택시는 기본요금이 12위안으로 상하이 시내를 운행하는 택시에 비해 저렴하다. 첫 3km까지는 기본요금으로 가고 이후 1km당 2.4위안씩 올라가고, 운행 거리가 10km를 넘으면 3.6위안씩 올라간다. 그리고 밤 11시부터 새벽 5시까지 심야 할증이 되는데, 기본요금은 18위안, 3km가 넘으면 1km당 3.1위안, 10km가 넘으면 4.7위안씩 올라간다. 중국 위안화가 익숙하지 않으면 상하이 택시요금이 어느 정도인지 실감하기 어려운데, 상하이에서 1년 동안 살았던 경험에 비추어보면 한국의 택시요금에 비하면 조금 저렴한 편이라고 생각하면 될 듯하다. 물론 중국 내에서도 동북 지방 옌지延吉의 택시 기본요금이 5위안인 걸 감안하면, 상하이의 교통비와 물가는 중국 전역을 기준해 보면 상당히 비싸다고 할 수 있다.

상하이 택시를 타면 한국과는 다른 특이한 점을 발견할 수 있는데, 택시기사의 등급을 별 개수로 표시하고 있다는 것이다. 별이 1개도 없는 기사부터 별 5개 기사까지 있는데, 상하이 택시 5만여 대 가운데 별 5개 택시가 100여 대에 불과하고 별 4개 택시를 더해도 400여 대 정도밖에 안 된다고 한다. 그런 만큼 택시를 타면 많아야 별 3개 정도의 택시기사를 만나게 되지 별 4개, 5개 기사를 만나는 것은 거의 불가능하다. 상하이에서 별 4개 이상의 택시를 타면 복권을 사라는 말까지 있는 걸 보면 그만큼 희소성이 있음을 알 수 있다.

그런데 나는 별 5개 택시를 타는 행운을 누린 적이 있다. 허촨루역虹川路站

상하이에서 우연히 만난 별 5개 택시 운전사 궁전 씨

* 세계 유명인사의 밀랍인형을 만들기로 유명한 마담투소의 상하이 전시관이다.

에서 상하이 마담투소 밀랍인형박물관上海杜莎夫人蠟像館*이 있는 난징시루南京西路로 가기 위해 택시를 탔는데, 별 5개 택시기사 궁전龔震 씨를 만났다. 행운을 만난 반가운 마음에 인사를 나누고 운전 경력 등을 물으니 20년이 조금 넘었다고 했다. 그날 복권을 사지 않았던 것이 두고두고 후회가 된다.

상하이는 넓고 복잡하다. 특히 상하이 외곽에 사는 외국인인 나는 상하이 시내로 나가려면 무엇을 타고 어떻게 갈 것인지를 먼저 생각하지 않으면 안 되었다. 앞서 말했듯이 대중교통을 이용해 한 2시간 정도 가는 것을 아무렇지도 않게 생각하는 중국인들의 마음을 이해하지 못한다면, 외국인으로서 상하이에서 버스나 지하철을 타고 다니는 것이 결코 쉬운 일은 아니다. 그래도 잠시 스쳐 지나가는 여행자의 신분이 아니라면 상하이 사람들의 일상처럼 대중교통을 이용하라고 권하고 싶다. 상하이에서 무엇을 타고 다닐까를 고민하는 순간 아마도 당신은 이미 상하이 사람으로 살아갈 준비를 시작한 것이 아닐까 싶다.

상하이 자기부상열차 티켓
일반 충전식 교통카드로도 자기부상열차를 이용할
수 있다.

상하이 교통카드

대학생들의
잠옷 패션

●

　　　　　　　하루 일과를 마치고 저녁 시간이 되면 캠퍼스 곳곳
을 거니는 중국 대학생들의 모습에서 두 가지 특이한 점을 발견할 수 있
다. 첫 번째는 알록달록 잠옷을 입고 아무렇지도 않게 식당이나 매점을 오
가는 학생들의 모습을 볼 수 있다는 것이고, 두 번째는 삼삼오오 짝을 지
어 목욕 가방을 들고 어디론가 분주히 가는 학생들과 방금 목욕을 하고
나온 것처럼 젖은 머리를 휘날리며 기숙사로 들어가는 학생들을 쉽게 만
날 수 있다는 것이다. '대학 캠퍼스 내에서 잠옷 차림에 목욕 가방을 들고
저렇게 자연스럽게 다니다니!' 아직 모든 것이 낯설고 어색한 외국인의
눈에는 그저 어리둥절하고 이해하기 힘든 광경이 아닐 수 없다. 지나가는
사람들 보란 듯이 기숙사 베란다에 온통 빨래를 널어놓아 의도치 않게 여
대생들의 속옷까지 보게 되어 얼굴을 붉히는 일도 여간 당황스러운 게 아
니다. 사실 굳이 관심을 갖고 보지 않으면 그만일지도 모르는 일인데, 한
국 사람으로서의 오랜 문화적 관습이 색안경을 끼고 바라보는 태도를 쉬
이 고치게 하지 못하는 탓이 크다고 할 수도 있다.

　캠퍼스에서 볼 수 있는 대학생들의 잠옷 패션은 학교 밖에서도 흔하
게 볼 수 있는 광경이다. 즉, 중국 대학생들만의 독특한 모습이라기보다
는 중국 사람들의 평범한 일상 문화 가운데 한 가지인 것이다. 상하이 시
내를 다니다보면 저녁 무렵 잠옷을 입고 거리를 활보하는 사람들을 종종
보게 된다. 간혹 잠옷을 입고 시내 중심가 백화점에서 쇼핑을 하는 사람
을 만날 때도 있고, 저녁을 먹고 가족끼리 산책을 하는지 애완견을 끌고

나와 골목길을 걸어 다니는 모습은 아주 흔하게 볼 수 있다. 상하이 사람들은 퇴근 이후 집으로 돌아오면 어떤 격식에도 얽매이지 않고 가장 편안한 옷차림인 잠옷을 입고 생활한다. 즉, 대부분의 중국 사람들에게 잠옷은 일종의 홈패션으로, 저녁 시간에 입는 일상적 옷으로 관습화되어 있어 전혀 이상할 것이 없는 것이다. 하지만 이러한 중국 사람들의 일상적 옷 문화에 전혀 익숙하지 않은 외국인의 시선으로 보면 사실 조금은 당황스러울 수도 있는 게 사실이다. 특히 여전히 보수적 유교 문화의 틀을 일정하게 내면화하고 있는 한국 사람들에게는 이해하기 힘든 광경일 수도 있을 것이다.

외국인들에게 잠옷 패션이 다소 부정적으로 인식되는 것에 대해 중국인들 스스로도 문제의식을 갖고 있기는 하다. 상하이에서도 엑스포를 앞두고 잠옷 패션을 둘러싼 논쟁이 있었다고 한다. 특히 수많은 외국인이 방문하는 상하이 푸둥 엑스포전시장 주변에서만큼은 잠옷 패션을 조금은 자제하자는 캠페인까지 벌였다고 한다. 하지만 누가 무엇을 입든 그것을 삐딱하게 바라보는 사람들이 문제인데 왜 옷 입는 것까지 간섭을 받아야 하냐는 식의 반발 여론도 만만치 않았다고 한다. 사실 이 문제는 옳고 그름을 따질 수 있는 문제는 결코 아니다. 다만 중국에 왔으면 중국 사람들의 문화를 편견 없이 이해하고 바라보는 것이 더욱 바람직하지 않을까.

저녁 시간이면 많은 학생들이 목욕 가방을 들고 가는 모습도 아주 색다른 풍경이다. 의아한 생각에 몇몇 학생들이 가는 곳을 따라 가보니 캠퍼스 내에 목욕탕이 있었다. 대학교 안에 공중목욕탕이 있어 학생들이 이용할 수 있도록 하는 것은 기숙사 문화가 대학생활의 중요한 부분으로 자리 잡은 중국 대학의 독특한 일상 문화인 듯했다. 그런데 이렇게 학교 내에 대중목욕탕이 별도로 있는 진짜 이유는 다른 데 있었다. 전반적으로 중국 대학의 기숙사 내부 시설이 아직 열악해서 추운 겨울에 따뜻한 물이 공급되지 않을 뿐더러, 기숙사 안에 샤워장 시설도 갖추지 못한 곳이 많아서 대학교 안에 공중목욕탕을 만들어 학생들에게 편의를 제공하고 있는 것이다.

덧붙여 한 가지 특이한 점을 더 말한다면, 중국 대학을 가보면 어디든지 아침저녁으로 알록달록 갖가지 색깔과 모양의 큰 보온병을 들고 다니는 학생들의 모습과 특정한 장소에 보온병이 줄지어 놓여 있는 것을 흔하게 볼 수 있다. 처음에 나도 그 용도가 궁금해서 가보았더니, 그곳은 온수를 공급하는 일종의 수돗가 같은 곳인데 학생들마다 그 보온병에 따뜻한 물을 받아서 기숙사로 가져갔다. 문득 초등학교 시절 일주일씩 당번을 맡게 되면 물주전자를 들고 따뜻한 보리차를 받으러 갔던 기억이 떠올랐다. 그래서 보온병에 담아가는 물의 용도도 응당 그러려니 했는데, 이곳 수돗가에서 받아가는 물은 식수가 아니라 세수를 하는 등 일상적으로 씻을 물을 준비해가는 것이라고 했다. 새로 지은 기숙사에는 냉난방 시설이 비교적 잘 되어 있어 온수 공급도 원활한 편이지만, 좀 오래된 기숙사의 경우에는 아직까지 온수 시설조차 갖추지 못해서 봄이 오지 않은 상하이의 늦겨울을 보온병에 담긴 따뜻한 물에 기대어 간신히 버텨내고 있는 것이었다.

'우리나라 대학도 캠퍼스 안에 목욕탕이 있어서 학생들끼리 같이 목욕을 하면 더 좋지 않을까' 하는 재미있는 생각이 스쳐 지나갔다. 아마도 우리나라 대학생들이 들으면 기겁할 소리일지는 모르지만 이런 소박한 생활을 매일 함께 나눌 수 있다면 학생들 사이의 우정도 더욱 돈독해지지는 않을까? 잠옷과 목욕 가방, 두 가지 모습을 보는 것만으로도 중국 대학의 캠퍼스 풍경이 새삼 흥미롭게 다가왔다.

대학교 안의 목욕탕

학교 안의 온수 수돗가. 학생들은 색색의 물통을 들고 온수를 받으러 간다.

별에서 온 그대,
별에서 온 한류

아침부터 또 비가 왔다. 상하이 날씨는 정말 맑은 날이 별로 없는 듯했다. 상하이로 온 이후 내내 궂은 날의 연속이었다. 1교시 수업이 있어 아침 일찍 연구실에 잠시 들렀다가 강의실로 가서 연속 네 시간 강의를 했다. 오늘 수업은 '한국어 말하기韓國語口語'였다. 우리가 외국어를 배울 때 그랬던 것처럼, 여러 가지 주제를 놓고 그와 관련된 한국어 표현들을 집중적으로 학습하는 시간이었다. 주제는 '감정', 우리말에서 감정을 어떻게 표현하는지를 다양한 사례를 들어 학생들에게 가르쳐주고 실제로 연습도 시켜보았다. 천천히, 더듬더듬 말은 따라 하는데 학생들의 발음은 대부분 엉망이었다. 마치 중국어 발음이 엉성한 내 모습을 거울에 비춰보는 듯한 느낌이 들었다. 조선족 학생들도 몇 명 있었는데 한족 학생들에 비해 유창하게 한국어를 구사했지만 발음은 모두 옌볜延邊 말투라서 조금 어색하게 들렸다. 수업을 하는 내내 이번 학기 중국 학생들이 최대한 한국어 표준 발음에 가깝게 말할 수 있도록 가르쳐주는 것이 내 역할이 아닐까 생각했다. 하지만 나 역시 경상도 사람이라 표준 발음은 사실상 불가능해서 낭패가 아닐 수 없었

한인 타운에 있는 한국 쇼핑몰, 빵집, 카페, 음식점

다. 아마도 1년이 지나고 나면 학생들 모두가 경상도 사투리로 말하게 될 지도 모를 일이라고 생각하니 나도 모르게 피식하고 웃음이 나왔다.

강의를 마치고 대중교통을 이용해 시내에 나가보기로 했다. 드라마 〈별에서 온 그대〉가 불러온 한류 열풍으로 상하이에서 가장 핫hot한 장소로 떠오른 한인 타운을 가보고 싶었다. 다소 멀고 시간이 걸리더라도 대중교통을 이용하는 것이 상하이 시민으로 살아가는 지름길이 아닐까 싶어 처음으로 혼자서 시도해보기로 했다. 신좡역에서 1호선을 타고 쉬자후이역에서 내려 9호선으로 갈아탔다. 한인 타운은 9호선 허촨루역과 10호선 룽바이신춘역龍柏新春站 사이에 위치해 있어서, 어디에서 내리든지 간에 지하철역에서 10분 정도 걸어야 한다. 한인 타운 입구인 홍췐루虹泉路에 들어서자 온통 한국어로 되어 있는 거리의 간판들에 우선 놀라지 않을 수 없었다. 상하이 속의 작은 한국, 이곳에 있으면 전혀 중국이라고 느낄 수 없을 정도로 말 그대로 한국의 거리 그 자체였다. 한국의 유명 식당이며 프랜차이즈 커피숍, 한국식 사우나 등 그야말로 없는 게 없었다. 상하이 주재 한국 교포들 대부분이 이곳 주변과 쯔텅루紫藤路, 구베이古北 등에 거주하는데, 이곳 일대는 사실상 한국이나 다름없어 외국에 와 있다는 실감이 거의 나지 않는다.

한인 타운 곳곳을 천천히 둘러보았다. 카페베네, 파리바게트, 서래갈매기, 수원왕갈비, 청담동떡볶이 등 눈 돌리는 곳마다 한국 음식점들로 즐비했다. 어찌나 반갑던지 여기저기 휴대폰 카메라를 들이대는 내 모습이 지나가는 사람들에게 이상하게 보이지 않았는지 모르겠다. 내가 머물고 있는 펜션에서는 아예 볼 수 없는 풍경이라 한국이 그리울 때면 일부러라도 이곳에 한 번씩 나와야겠다고 생각했다. 지금까지 상하이에서 지내면서 크게 불편한 점은 없었지만, 아무래도 음식이 조금은 문제라서 한인 타운에 온 김에 한국 마트에 들렀다. '1004 마트'라는 곳인데 홍췐루 한인 타운 거리에 두 곳이나 있을 정도로 상하이에서는 꽤 유명한 프랜차이즈 마트이다. 매장에 들어서니 이곳 역시 그 자체로 한국이었다. 학교 숙소로 돌아가는 길이 좀 가까우면 필요한 물건을 많이 구입할 텐데, 가는 길이 멀어서 김치, 콩자반 등 밑반찬 몇 가지와 햇반, 컵라면 등 당장 필요한 먹을거리만 조금 구입했다. 이제부터는 김소운의 수필《가난한 날의 행복》에 나오는 말처럼, '걸인의 찬'이라도 '왕후의 밥'처럼 먹을 수 있을 것 같다는 생각이 들어 괜히 뿌듯했다. 이런 소박한 일상에도 작은 행복을 느낄 수 있는 게 인생이라는 사실을 새삼스럽게 느끼게 되는 순간이었다.

다시 지하철을 타러 가는 길에 한국 떡볶이집 앞에 늘어선 줄을 보고 잠시 시선을 멈추었다. 이곳 한인 타운 거리에 있는 떡볶이집, 치킨집 앞을 지나가다보면 어느 곳이나 차례를 기다리며 길게 줄을 서 있는 중국 사람들의 모습을 볼 수 있었다. 〈별에서 온 그대〉 열풍으로 중국 사람들이 그 드라마에 나온 것과 똑같은 체험을 해보는 것이 유행이 되었기 때문이었다. 상해상학원 한국어학과 학생들에게 현재 한국의 무엇에 가장 관심을 갖고 있는지를 물어보았더니 '한국 드라마'라고 답했던 사실이 문득 떠올랐다. 학생들뿐만 아니라 중국인들 상당수가 거의 실시간으로 한국 드라마를 보고 있는데, 〈별에서 온 그대〉가 화제가 되면서 한인 타운 일대의 상권이 크게 활성화되었다고 한다. 중국에서 드라마를 통한 한류가 한국의 국력을 높이고 있는 것만큼은 틀림없는 사실이었다.

이곳에서 발행되는 〈상하이저널〉*을 읽어보니 〈별에서 온 그대〉 열풍으로 조류독감으로 침체되었던 중국 가금류 시장이 부활하고 있다고 했다. 또한 드라마에서

* 중국 상하이 교민을 대상으로 하는 소식지이다.

"첫눈 오는 날에는 …… 치킨에 맥주인데"라는 여주인공 전지현의 대사 때문에 한인 타운 내에 있는 치킨 프랜차이즈 가운데 BBQ와 교촌치킨은 3시간 이상 줄을 서서 기다릴 정도이고, 남주인공 김수현을 모델로 하는 뚜레쥬르 매장 앞에도 중국 팬들로 장사진을 이루고 있다고 했다.

2014년 2월 15~16일 훙첸루를 방문한 중국인들을 대상으로 한 설문조사를 보면, 한궈제韓國街로 불리는 훙첸루를 찾는 가장 큰 이유가 '한국의 음식과 문화에 대한 관심'으로 43.64%를 차지했고, 그다음으로 '한국 연예인을 좋아해서'가 20%를 차지했다고 한다. 그런데 두 대답이 사실상 겹치는 부분이 많다는 점을 고려한다면, 상하이에서 〈별에서 온 그대〉가 몰고 온 한국 드라마 열풍은 생각보다 훨씬 더 영향력이 큰 것으로 보였다. 중국 뉴스에서도 〈별에서 온 그대〉를 집중적으로 다루는 것을 본 적이 있는데, 세계 각국에서 보여주는 '한류'의 문화 외교에 대해서 더욱 깊은 관심을 가질 필요가 있지 않을까 생각해보았다. 다만 '한류'라는 것이 드라마나 가요 등 대중문화 일변도로 흐르는 것에 대해서는 좀 더 신중한

상하이 최대 관광지인 위위안상성(豫园商城) 거리마다 전지현의 사진이 걸려 있다.

태도를 지녀야 할 것이다. 지나치게 대중문화와 상업적인 측면에서만 '한류'가 강조되다보면 자칫 한국 문화 본령으로서의 '한류'의 본질을 잃어버리는 결과를 초래할 수도 있음을 결코 간과해서는 안 된다.

다시 지하철 9호선 허촨루역에서 쉬자후이역까지 가서 1호선을 타고 신좡역에 내려 버스를 타고 학교 숙소로 돌아왔다. 모든 게 처음이 어려울 뿐이지 한 번 갔던 길을 돌아오는 길이라서 그런지 지하철을 타는 것도, 버스를 타는 것도 크게 어렵지 않았다. 혼자서 하는 첫 상하이 시내 나들이도 이렇게 끝이 났다. 이제 상하이를 내가 원하는 대로 보고 듣고 즐길 준비가 어느 정도 갖추어진 셈이었다.

중국의
사제 문화

●

　　　외국어코너外語角 수업시간에 한국 노래 부르기를 한
번 하는 게 어떻겠느냐고 학생들에게 말했더니 모두들 좋다고 했다. 그래
서 오후 4시에 만나기로 약속하고 숙소에서 기다리고 있는데 한 학생에
게 전화가 왔다.

　　　"교수님, 좀 일찍 3시에 만나면 어떨까요?"

　　　"그래, 별다른 일은 없으니 내 숙소인 펑푸주뎬奉浦酒店 앞에서 만나자."

　　　중국 학생들도 노래방을 아주 좋아하나보다 생각하면서 약속 장소로
나갔다. 10여 명의 학생들이 미리 와서 날 기다리고 있었다. 학교 근처의
신다오후이新道匯 건물 4층에 있는 중국 노래방에 학생들이 이미 예약을 해
둔 상태였다. 노래방 시설은 한국보다 훨씬 깨끗하고 그 규모도 꽤 컸다.

　　　외국어코너 수업에서 약속한 대로 한국 노래 한 곡씩 부르는 시간을 먼
저 갖자고 했더니 학생들이 난색을 표했다. 요즘 한국에서 유행하는 댄스
곡 몇 곡 정도는 잘할 줄 알았더니, 노래를 따라 부를 정도는 되어도 혼자
서 자신 있게 부를 수는 없다는 것이었다. 게다가 우리가 간 노래방이 한
국인들이 거의 살지 않는 상하이 외곽에 있는 탓인지, 노래방 프로그램에
한국 노래가 거의 없어서 사실 한 곡씩 부르기도 어려웠다. 하는 수 없이
한국 노래 부르기를 접기로 하고 대신 중국 노래 한 곡씩을 부르기로 했
다. 중국 노래를 부르는 중국 대학생들의 모습에서 노래방에 가면 열광적
으로 노는 한국 학생들의 모습과 크게 다를 바 없는 젊음을 느낄 수 있었
다. 하지만 1990년대 초반부터 노래방 문화가 이미 생활의 한 부분으로

자리 잡은 한국과는 달리, 중국 학생들의 생활 속에서 노래방 문화는 아직은 조금 낯설고 어색한 문화가 아닌가 하는 느낌이 들기도 했다. 사회주의 체제에서 중·고등학교 시절을 보낸 중국 학생들과 자본주의 체제하에서 자유분방하게 중·고등학교 시절을 보낸 한국 학생들의 생활의 차이를 생각하면 너무도 당연한 결과가 아닐까 싶었다. 오랜만에 한국 노래를 부르려고 잔뜩 벼르고 있었는데, 노래방 수록곡 가운데 나 역시 부를 수 있는 한국 노래가 전혀 없었다. 어쩔 수 없이 내가 아는 유일한 중국 노래인 등려군鄧麗君*의 〈월량대표아적심月亮代表我的心〉을 불렀다.

* 중국 영화 〈첨밀밀(甛蜜蜜)〉의 주제곡을 불러 우리나라 사람들에게도 잘 알려진 등려군은 대만 출생으로 천안문 반대 집회에서 노래를 부르는 등 중국의 민주화 운동에도 적극적으로 참여한 의식 있는 가수였다. 그래서인지 한때 그녀의 노래는 중국 대륙에서는 금지곡이 되었던 적이 있다. 하지만 지금은 중국 국민 모두에게 사랑받는 국민가수로서 그 명성을 이어가고 있으며, 그녀의 노래 〈월량대표아적심〉은 국민가요로 한국인들이 가장 애창하는 중국 노래 가운데 하나이기도 하다. 1990년대 중반 태국의 한 호텔에서 생을 마감한 그녀. 그녀의 노래에는 그녀의 삶처럼 중국 국민들의 마음 속 깊이 억압되어 있는, 그래서 진정 말하고 싶지만 말할 수 없었던 애환이 담겨 있다. 사랑을 매개로 한 감미롭고도 애절한 그녀의 노래 가사와 음률 속에 중국인들의 정서와 역사의 아픔이 고스란히 남겨져 있는 것이다.

2시간 남짓 중국 학생들과 노래방에 있다 보니 어느새 저녁 시간이 되었다. 학생들이 학교 근처 식당에 예약을 해두었다고 나에게 함께 가서 식사를 하자고 했다. 그런데 원탁 테이블에 둘러앉아 막 식사를 하려는데 한 학생이 내 가슴에 꽃을 달아주면서 "선생님, 스승의 날 축하드립니다!"라고 했다. 그제야 나는 오늘의 이 자리가 중국 학생들이 스승의 날을 기념해 나를 초대한 자리라는 것을 알았다. 한 명씩 내게 술을 권하면서 "저희 학교에 와서 가르쳐주셔서 감사합니다"라고 한마디씩 인사를 했다.

사실 한국에서는 5월 15일을 스승의 날로 기념하지만 중국은 9월 10일이 스승의 날이다. 게다가 중국 학생들은 9월 10일 스승의 날에도 이렇게 선생님을 초대해 식사를 대접하는 경우가 거의 없다고 한다. 문화대혁명을 거치면서 유교 문화가 거의 사라진 중국은 선생과 학생의 관계에 대한 기본적인 인식에도 '평등'의 개념이 깊숙이 배어 있다. 처음 중국에 와서 캠퍼스에서 학생들을 만날 때 친구를 대하듯 한 손을 가볍게 흔들며 인사하는 중국 학생들의 모습에 적잖이 놀랐었다. 조금만 생각을 달리하면 더없이 반갑고 예쁜 손짓이라고 생각할 수도 있지만, 사제지간의 보수적 위계에 오래 길들여진 한국인 선생님의 입장에서 보면 조금은 당황스러웠던 것이 사실이다. 그런데 중국 학생들이 스승의 날, 그것도 중국의 날도 아닌 한국의 날에 한국에서 온 외국인 선생님을 위해 특별한 자리를 마련했으니, 나로서는 그 마음만으로도 정말 소중하고 고마운 일이 아닐 수 없었다. 중국에서든 한국에서든, 제자들과 평생지기가 될 수 있는 삶, 이것이야말로 선생으로 살아가는 데 있어서 가장 소중한 행복이 아닐까 하는 생각을 다시 한 번 가슴 깊이 새기는 시간이었다.

◀ 상해상학원에 걸린 스승의 날 기념 플래카드
▼ 상해상학원 한국어학과 학생들과 함께

상하이런, 그들의 자부심

●

　　　　　중국에서 상하이는 여러 가지 면에서 아주 특별하다. 특히 정치와 역사의 중심지 베이징北京과 경제와 무역의 중심지 상하이는 경쟁적 이해관계를 바탕으로 상생하고 있다는 점에서, 모든 것이 서울 중심인 우리나라와 비교할 때 지역 분권의 의미 있는 사례로 보인다. 사실 상하이의 역사는 중국 전체의 역사에 비하면 별로 내세울 것이 없다. 상하이는 양쯔강長江 남쪽의 강남 문화권의 대표적인 도시인데, 원래 그 중심은 상하이가 아니라 항저우杭州였다. 지금으로부터 150여 년 전만 해도 상하이는 항저우와는 비교할 수조차 없는 작은 어촌에 불과했다. 아편전쟁의 치욕으로 1842년 난징조약을 체결하면서 홍콩을 영국에 넘겨주고 5개의 항구를 강제로 개방하게 되는데, 그중 한 곳이 바로 상하이였다. 결국 중국 역사 속 굴욕의 순간이 상하이라는 작은 어촌을 아시아에서 가장 유명한 국제도시로 키워나갔던 것이다.

　이러한 역사의 상처 때문인지 중국 사람들에게 상하이는 선망과 동경의 도시이면서도 그 안을 들여다보는 속내는 그다지 곱지 않다. 대체로 '상하이 사람' 하면 긍정적인 이미지보다는 부정적인 이미지가 좀 더 많이 부각되고 있는 것이다. "상하이 사람은 마음의 벽이 높아 정말 사귀기 힘들다", "상하이 사람은 술을 즐기지 않아 식사를 함께 하면 재미가 없다", "상하이 사람은 이기적이다", "상하이 사람은 타지 사람을 무시한다" 등 나 역시 상하이에 사는 동안 이런 식의 말들을 여기저기에서 많이 들었는데, 중국 사람들의 상하이 사람들에 대한 일반적인 인식이 좋지 않은 것만은 사실인 듯했다. 그렇다면 왜 중국인들은 상하이 사람들을 이렇게 부정적으로 인지하고 있는 것일까?

아시아 대륙의 중심 대부분을 차지하고 있는 거대 국가 중국의 규모에 비추어 생각해보면, 아무리 같은 나라 사람이라도 여러 가지 점에서 차이가 나는 것은 너무도 당연한 일이 아닐 수 없다. 실제로 상하이 사람과 베이징 사람을 비교해보면, 남방 사람과 북방 사람의 기질에서 비롯된 본질적 차이가 뚜렷하다. 즉, 서로 다른 사회 · 문화적 전통의 영향과 지역적 격차에서 비롯된 외모, 심리 등의 유전적 차이가 현격하게 드러나는 것이다. 대체로 북방 사람들은 키가 크고 열정적이며 다소 거친 성격을 지니고 있는 반면, 남방 사람들은 체구가 상대적으로 작은 편이고 똑똑하고 민첩해 처세에 능하며 성격은 비교적 온화한 편이라고 한다. 이러한 태생적 차이가 중국 근대의 발전을 견인해온 상하이 사람들에게 베이징을 넘어서는 경제 중심지로서의 상하이라는 또 다른 자부심을 만들어냈다고 할 수 있다.

상하이 사람의 특징은 상하이 남자들에 대한 평가에서 더욱 잘 드러난다. 상하이 남자들에 대한 일반적인 견해는, 상하이 방언을 의도적으로 숨기고 푸퉁화普通話를 구사하는 모범생, 체크무늬 앞치마를 두르고 식사를 준비하고 아이들을 학교에 보내는 자상한 아빠, 주말에는 가족과 함께 나들이를 다니고 살뜰히 아내를 챙기는 애처가 정도가 아닐까 싶다. 다른 지역의 남자들은 이런 상하이 남자들을 가리켜 가식적이고 소심하며 여자 같은 이미지를 지녔다고 지나치게 폄하하기 일쑤이다.* 중국 사람들의 말에 의하면 어디를 가나 상하이 사람들은 표시가 난다고 하는데, 불과 1년밖에 살지 않았지만 나 역시 이 말에 절대적으로 공감하지 않을 수 없었다. 남녀를 막론하고 상하이 사람은 특유의 '상하이다움'이 몸에 배어 있는 게 틀림없다.

내가 생각하기에 '상하이다움'은 짧은 역사에도 불구하고 중국 최고의

* 김윤희,《상하이-놀라운 번영을 이끄는 중국의 심장》, 살림출판사, 2008, 34~46쪽.

도시로 발돋움한 상하이의 자부심이 만들어낸 결과로 보였다. 어쩌면 그 안에는 상하이의 지난 역사를 깔보는 듯한 중국 사람들의 일반적인 시선을 차단하려는 열등감과 방어기제도 내재되어 있을지 모르겠다. 사실인지는 모르지만 베이징 사람들은 상하이 사람들을 그다지 부정적으로 보지는 않는데, 상하이 사람들은 베이징 사람들을 무시하는 경향이 있다고 한다. 이는 유구한 역사와 전통을 가진 베이징과 식민지 근대의 역사에 힘입어 발전한 상하이의 태생적 차이가 만들어낸 당연한 결과라는 점에서 충분히 이해할 만한 사실이다. 가끔 버스를 타고 상하이 시내로 나갈 때면 시끄러운 버스 안에서 오고 가는 상하이 사람들의 대화에서 전혀 알아들을 수 없는 중국어를 경험할 때가 많다. 타지 사람들에게 물어보니 자기들도 모르는 말이 아주 많다고 한다. 심지어 상하이 사람들은 외지인들이나 외국인들이 끼어 있는 자리에서 일부러 자기들끼리 상하이말上海話로 대화하기도 한다는 것이다. 중국의 표준어인 푸퉁화를 쓰지 않고 굳이 상하이말을 사용함으로써 외지인과는 다른 상하이 사람만의 자부심을 표출하고 싶은 욕망이 반영된 결과로 볼 수 있다.

하지만 나는 이러한 상하이 사람들의 자부심은 신흥경제대국 중국의 자긍심을 대변한다는 점에서 결코 부정적으로만 볼 수 없는, 오히려 실용적이고 개방적인 정책으로 세계경제를 선도하는 중국의 미래를 볼 수 있다는 점에서 긍정적인 측면이 많다고 생각한다. 개혁 개방을 추구한다고는 하지만 여전히 사회주의의 그늘이 짙은 중국에서, 상하이 사람들은 합리적 이해에 바탕을 둔 신뢰가 구축된다면 어느 지역의 사람보다도 결속력 있는 인간관계를 맺는다. 최근 들어 상하이는 그동안 부정적으로만 인식되어왔던 '상하이다움'을 조금씩 지워나가고 있다. 더 이상 중국의 작은 어촌이었다는 열등감에 사로잡혀 있지 않고, 일찍부터 문호를 개방하고 외래문화를 수용한 국제도시답게 혼종의 시대를 선도하는 새로운 문화를 창출해나가고 있다. 금융·무역 중심의 경제도시 상하이가 중국의 역사를 넘어서 세계 문화의 새로운 역사를 만들어나가는 첨병 역할을 담당하고 있는 것이다.

중국의 지난 역사를 보려면 베이징으로 가고, 중국의 미래를 보려면 상하이로 가라고 말하고 싶다. 새로운 중국에 발맞춰 나아가려면 이제 상하이런 上海人을 이해하지 않고서는 불가능하다는 사실을 명심해야 할 것이다.

불법체류자로
살았던 18일

2월 말 중국으로 출국할 때부터 비자* 문제로 상당히 골치를 앓았었다. 1월 초 상해상학원에서 요구한 모든 서류를 준비해서 특급우편 발송을 했는데도, 2월 24일 개강을 앞두고 취업비자 발급 서류가 한국으로 오지 않았기 때문이다. 외국인전문가취업허가증과 상하이시외사처에서 발급한 초청장이 있어야 한국에서 취업비자 발급 신청을 할 수 있는데, 봄학기가 시작되어도 언제 나올지 알 수 없다는 똑같은 답변만 되풀이될 뿐이었다. 어찌되었든 중국 학생들과 수업을 약속한 터라 적어도 그것만은 지켜야겠다는 생각에 우선 3개월짜리 관광비자를 발급받아 일시 출국했다. 출국 후 한 달이 지난 시점에서야 관련 서류가 나와서 그것을 가지고 중간고사 기간인 4월 말에 잠시 한국으로 귀국해 취업비자를 발급받아 5월 3일에 다시 중국으로 입국했다.

이런 복잡한 과정을 거쳤음에도 문제는 거기서 그치지 않았다. 도착 후 상해상학원 근처에 있는 파출소에 가서 '주숙등기'란 것을 했다. 중국으로 들어오는 모든 외국인은 다 해야 하는 거라는데, 일반 여행자의 경우 호텔 체크인 과정에서 자동적으로 주숙등기가 이루어져서 여행자로 온 사람들은 이 과정이 저절로 생략된다고 했다. 그리고 며칠 후 신체검사를 받아야 한다고 해서 검사 당일 아침도 먹지 않고 시내 지정 병원에 갔다. 그런데 막상 가보니 검사는커녕 몇 마디 말을 물어보더니 한국에서 이미

* 보통 중국은 우리나라와 매우 가까워 쉽게 여행을 떠날 수 있을 거라고 생각하지만, 미리 비자를 받아야 한다. 여행을 위해서는 개인이 직접 비자를 발급받을 수도 있지만 최근에는 번거로움 때문에 여행사를 통해 비자 대행을 진행하는 사례가 많다. 가격대는 보통 3~6만 원 정도다.

한 검사 결과를 그대로 승인한다고 하고는 보고서는 택배로 보내주겠다고 서류 비용을 내고 가라고 했다.

이제 남은 것은 입국 30일 이내에 거류비자 신청을 하는 것인데, 학교에서는 상하이시외사처에서 외국인전문가증이 발급되는 대로 상하이시 공안국에 학교 외사처 직원과 함께 가서 신청을 하면 된다고 했다. 그런데 30일이 지나도 외국인전문가증은 발급되지 않았고, 내가 30일이 넘었는데 괜찮은지를 여러 차례 물었지만 학교에서는 어쩔 수 없는 일이라며 아무 문제가 없다고 했다. 나로서는 어쩔 도리가 없으니 정말 그런 줄 알고 기다리고만 있었다.

규정에 명시된 30일 이내를 18일 넘긴 시점에서야 연락이 와서 직원과 함께 상하이 시내에 있는 공안국 출입국관리소에 갔다. 아무 문제없이 그냥 잘 처리될 거라 생각했고, 직원도 오늘 신청하면 5일 안에 거류증이 나올 거라고 말해서 안심하고 갔는데, 이미 나는 중국 내의 불법체류자 신분이 되어 있었다. 학교에 모든 서류를 제출하고 위탁을 한 상태에서 중국 학생들을 열심히 가르치고 있었을 뿐인데, 중국에 온 외국인 교수를 불법체류자로 만들어버리다니 무슨 이런 일이 있을 수 있는지 기가 찰 노릇이었다. 중국어를 잘 알아듣지 못해서 경찰과 학교 직원 사이에 무슨 말이 오고 갔는지를 정확히 알 수는 없었다. 하지만 대략 이해하기로는 관련 조사를 받아야 하는데 그전에 내가 조사를 받게 되는 것에 대한 동의를 해야 하며, 그 사실을 한국어로 정확히 통역해줄 사람이 와야 다음 일을 진행할 수 있다는 것이었다. 정말 황당했던 것은 당장 어디에서 통역을 불러올 수 있다는 것인지…… 중국 경찰의 일 처리 과정도 납득하기 어려운 일 투성이였다. 결국 다음 날 통역을 대동해 다시 오기로 하고 일단 숙소로 돌아왔다.

다음 날, 한국어학과의 조선족 학생 한 명과 함께 다시 공안국 출입국관리소에 갔다. 함께 간 조선족 학생이 A4 용지 한 장에 빼곡히 적힌 중국어를 번역해서 내게 말해주었는데, 그 내용은 대강 중국법령을 위반해서 조사를 할 것인데 부당하다거나 억울한 일이 있으면 언제든 말할 권리가 있다는 것이었다. 순간 너무 화가 나서 도대체 내가 무슨 잘못을 했는데 조사를 받아야 하냐며 중국어로 크게 소리쳤더니, 중국 경찰들이 도리어 화를 내면서 아마도 학교가 잘못해서 일어난 일 같은데 왜 우리 경찰 보고 그러느냐며 너희들 일은 여기서 처리 못해주겠다고 더욱 강경하게 나왔다. 일은 점점 복잡하게 꼬이기 시작했고, 하는 수 없이 외사처 직원이 다른 출입국관리소에 가서 일을 처리하자고 해서 택시를 타고 이동했다.

그래서 간 곳은 이전의 출입국관리소보다 좀 더 규모가 큰 곳이었는데, 외국인이라 그런지 별도로 마련된 사무실로 우리를 안내했다. 똑같은 사안인데도 이곳은 이전의 곳과는 사뭇 다른 태도였다. 이전 출입국관리소에서는 매우 위압적인 태도를 보인 반면 이곳은 잘못된 일의 과정을 바로잡는 절차만을 이야기할 뿐 통역을 요구해 사인을 해야만 조사를 할 수 있다는 말도 전혀 없었다. 어쨌든 이곳에서는 일을 처리할 수 있었는데, 불법체류자가 된 나는 행정 처벌로 경고를 받고 벌금 4천 위안^{한국 돈 약 75만원}을 내야 한다고 했다. 학교 측의 실수로 이런 일이 벌어졌으므로 벌금은 학교 측에서 대신 내주려고 이미 직원을 통해 준비해온 상태였다. 사실 난 학교 측의 이런 태도가 더욱 못마땅했다. 자기 학교 학생들을 가르치기 위해 한국에서 온 외국인 교수를 불법체류자로 만드는 학교 행정의 문제에 대해 어느 누구도 사과하기는커녕 벌금만 대신 내주면 그만이라는 식의 태도는 용서하기 어려웠다. 이런 상황이라면 학교의 책임 있는 간부가 직접 공안국에 와서 관련 사항의 잘못에 대해 사과하고 모든 경고를 학교가 받을 테니 나에 대해서는 행정 처벌이 이루어지지 않도록 조치를 해달라고 요청하는 것이 이치에 맞는 일일 텐데, 직원 한 명만 보내 외국인 교수의 인권을 철저하게 사각지대로 내모는 태도를 용납할 수 없었던 것이다. 결국 일은 이렇게 일단락되었고 행정 처벌인 경고는 특별한 제재사항이 아니므로 걱정하지 않아도 된다는 대답만 내게 돌아왔다.

이번 일을 겪고 너무 황당하고 억울해서 상하이로 와서 다른 일로 몇 차례 만난 적이 있는 주 상하이 대한민국 총영사관 영사에게 관련 내용을 메일로 먼저 보내고 연락을 해서 도움을 요청했다. 하지만 몇 년 전부터 중국의 비자 관련 법안이 아주 강화되어 이런 억울한 일을 당하는 경우가 많다며 안타까움만 토로할 뿐 별다른 해결 방법이 없는 듯했다. 상하이를 일컬어 아시아 최고의 국제도시라고 부르는 이유가 참으로 무색했다. 중국과 한국의 정치 외교가 국가주석과 대통령의 만남이라는 상징적인 관계에서 비롯되는 것일지는 모르지만, 이렇게 민간 부문에서 양국의 상호 교류에 여러 가지 걸림돌이 존재한다면 사실상 미래적인 관계를 기대하기는 어렵지 않을까. 성장과 발전의 외형만을 추구하는 것이 아니라 그 이면의 실질적인 생활에서 효율적이고 체계적인 내실을 다지지 못한다면 중국은 여전히 지금 그 자리에서 머물러 있을 수밖에 없을 것이다.

PART 2

상하이를 걸어
음식을 맛보다

상하이 음식을
주문하는 방법

●

　　　상하이에서 처음으로 맞이하는 일요일 아침, 아침
식사도 거르고 중국 텔레비전 방송을 보면서 이불 속에서 게으름을 피우
다 10시가 다 되어서야 외출 준비를 했다. 월요일 개강을 앞두고 숙소 생
활에 필요한 물품들을 구입하려면 오늘밖에는 시간이 없을 것 같아서 가
까운 곳에 있는 마트라도 다녀올 생각이었다. 숙소에서 걸어서 15분 정도
거리에 중국에 진출한 한국 대형마트인 '이마트易買得'가 있었다. 마트 안
의 모습은 한국과 거의 차이가 없었는데 진열된 물품들을 훑어보니 간간
이 한국 물건이 한두 가지 보일 뿐 대부분 중국 물건들이었다. 상하이 시
내를 다니다보면 가장 흔하게 볼 수 있는 대형마트는 '까르푸家樂福'다. 우
리나라에서는 영업 실적이 저조해 이미 오래전에 철수했지만 중국 내에
서는 꽤 호황을 누리는지 상하이 주요 지역에서는 어김없이 까르푸 매장
을 만날 수 있다. 한인 타운으로 불리는 홍첸루虹泉路에 가면 한국 상품 전
문 마트인 '1004 마트'가 있는데, 상하
이 지역에 거주하는 한국인들은 물
론이거니와 중국인들도 즐겨 찾는
유명 매장으로 홍첸루에만 두 곳,
한국인들뿐만 아니라 외국인들도
많이 거주하는 구베이古北에 한 곳
의 지점을 두고 있다.

　　　숙소에 돌아와 구입한 물건들

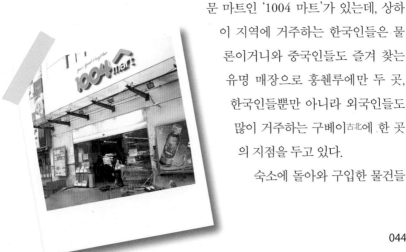

을 대충 정리하고 한국에서 가져간 햇반, 컵라면, 김, 고추장 등을 펼쳐놓고 혼자만의 첫 식사를 했다. 한국에서와는 비교할 수 없을 정도의 소박한 밥상이지만 그 어느 때보다 맛있게 먹었다. 문득 1년 동안 이곳에서 외국인으로 살면서 중국 음식에 어떻게 적응해야 할지 걱정이 앞섰다. 그동안 여러 차례 중국 여행에서 음식으로 크게 고생한 적은 없지만, 이제는 1년간 이곳에서 살아야 하는 외국인 거주자 신분이라 음식에 대한 문제는 가장 큰 애로사항이 되지 않을 수 없었다. 한국과 중국은 오랜 역사를 같이한 주변국임에도 음식 문화가 서로 다른 점이 많아서 한국 사람인 내 입맛에 중국 음식이 맞지 않는 것은 너무도 당연한 일이었다. 게다가 식성이나 비위가 썩 좋지 않은 탓에 한국에서도 음식을 조금 가리는 편인 나로서는 여러 가지 향신료를 넣어 튀기고 볶은 중국 음식에 선뜻 손이 가지 않았다.

우선, 중국 식당에 가서 음식을 주문하는 방법부터 공부를 좀 해두어야겠다고 생각했다. 중국 요리명은 일정한 규칙이 있어서 그 규칙을 알면 무슨 음식인지 알 수 있는데, 예를 들어 '페이건카오판培根烤飯'에서 '培根'은 음식의 재료인 '베이컨'을 의미하고, '烤'는 요리하는 방법으로 '굽는다'는 의미이며, '飯'은 '밥'이라는 의미이다. 또 한 가지 '궁바오지딩宮爆鷄丁'을 보면 '爆'은 '끓는 기름에 살짝 데치다'라는 의미이고, '鷄'는 '닭고기'라는 재료를 가리키고, 마지막에 쓰인 '丁'은 요리의 형태를 의미하는 것으로 '작은 덩어리 모양'이라는 말이다. 음식마다 이름이 긴 이유가 이렇게 음식의 재료, 요리방법, 요리의 형태 등을 모두 열거하기 때문이다. 사실 우리나라도 '김치볶음밥', '된장찌개' 등으로 음식 이름을 사용하니 별 차이는 없지만 중국 음식은 그 종류가 너무도 많아서 그런지 이렇게 긴 이름이 더욱 낯설게 들렸다.

아마도 내가 이곳 식당에서 자주 먹게 될 음식은 '파오차이스궈판판泡菜石鍋飯飯', 한국말로 '김치돌솥비빔밥'이 될 듯하다. 나처럼 외국인의 경우는 음식 이름도 잘 모르고 주문하려면 이런저런 말도 많이 해야 해서 여간 어려운 일이 아니다. "워 야오 파오차이스궈판판我要泡菜石鍋飯飯, 김치돌솥비빔밥 주세요"이라고 몇 번이나 반복해서 연습을 했다. 중국어는 단어만 안다고 해서 소통이 되는 게 아니었다. 문제는 성조聲調에 있어서 성조가 조금만 틀려도 상대방이 전혀 알아듣지 못했다. 날마다 이렇게 좌충우돌을 거듭 하다보면 어느 날부턴가 조금은 편안하고 안정된 날이 오지 않을까 생각 하며 스스로 위안을 삼아보았다. 외국 생활에서 의사소통능력보다 더 중 요한 것은 용기라는 말이 아주 절실하게 다가왔다.

상해상학원 학생식당 메뉴판

상하이의 대표 음식:
샤오룽바오와 성젠

점심시간에 식당에서 한국어학과 학생들을 만나 같이 식사를 했다. 학생식당에는 다양한 메뉴가 있어서 그날 먹고 싶은 음식을 해당 코너에 가서 주문하면 되는데, 오늘은 상하이몐관上海面館에서 면

샤오룽바오와 성젠

요리를 먹어보았다. 어디나 그렇듯이 정말 여러 종류의 면 요리가 메뉴판에 적혀 있었는데 그 가운데 충유반몐蔥油拌面을 주문했다. 우리나라의 소면 비슷한 국수에(면은 훨씬 쫀득쫀득하고 단단했다) 간장 같은 검은색 소스를 얹어놓았는데, 파와 곁들여 먹으니 그런대로 맛은 괜찮은 편이었다. 학생들 여러 명과 이런저런 얘기를 하면서 같이 점심을 먹고 있는데, 그중 한 명이 "선생님, 성젠生煎 드셔보셨어요?"라고 했다. "아니, 아직……"이라고 했더니, 어느새 가서 성젠과 샤오룽바오小籠包를 사왔다. 둘 다 상하이에서 유명한 만두의 일종으로, 특히 성젠은 상하이에만 있는 특산 음식이라고 했다.

샤오룽바오는 중국 본토, 대만, 홍콩 등 중국권 전역과 전 세계의 중화요리 레스토랑에서 먹을 수 있는 만두의 일종으로, 다진 고기를 밀가루 피로 싸서 찜통에 찐 딤섬이다. 상하이의 서북에 있는 난샹南翔에서 만들어졌다고 해 '난샹 샤오룽바오'라고도 부른다. 만두소에는 다진 고기와 함께 육수가 들어간다. 육수를 피 안에 넣는 방법은 육수를 식혀서 굳힌 다음 피로 싼 후 쪄내서 녹인다. 만두피는 매우 얇게 만들며 만두소는 보통 돼지고기 다진 것을 사용하고 간혹 새우 간 것을 넣기도 한다. 샤오룽바오를 제대로 먹는 방법은 숟가락에 올린 후 입으로 피를 터뜨려서 육수를 빨아 먹은 후 나머지를 먹으면 된다.

난샹이란 이름과 샤오룽이란 이름이 만나게 된 유래를 조금 더 설명하자면, 난샹에서 원래 과자점을 운영하던 황밍셴黃明賢이란 사람이 있었는데 그가 업종을 바꿔 큰 만두大肉饅頭 가게를 열어 돈을 많이 벌었다고 한다. 그러자 이 소문을 들은 과자점 주인들이 너도나도 만두 가게로 업종을 바꾸면서 특색이 없어진 황밍셴의 가게는 장사에 큰 타격을 입게 되었다. 요즘 같으면 특허를 낸 상표권이나 음식 만드는 방법 등을 법적으로 보호하는 제도가 있지만 그땐 그런 것도 없었으니 그럴 법한 얘기이다. 이에 황밍셴은 다른 가게와 자신의 만두를 차별화하기 위해 만두피를 얇게 하고 그 안에 소를 듬뿍 넣으면서 만두 크기도 작게 만들었다고 한다. 그리고 계절에 따라 소도 다양화해 게살, 죽순, 새우살, 다진 고기 등으로 바꿔서 독자적인 맛을 만들었는데, 그 결과 그의 가게는 다시 특별한 만두집으로 소문이 나서 돈을 많이 벌게 되었다는 것이다. 그때 사람들은 황밍셴의 만두를 다른 집의 만두와 구별하기 위해 '난샹 샤오룽'이라고 불렀는데, 그것이 지금 샤오룽바오의 시작이 되었다고 한다.

성젠은 상하이식 군만두로 아래를 살짝 구워 타게 해서 나오는데, 중국 전역에 있지만 이곳 상하이가 원조라고 한다. 먹는 방법은 샤오룽바오와 마찬가지로 옆으로 약간 구멍을 뚫어 육즙부터 빨아 먹고 나머지를 먹으면 된다. 난 그것도 모르고 한입에 넣었다가 속 안에 있는 육즙이 터져 하마터면 입을 데일 뻔했으니, 음식도 먹는 방법을 모르고 덤비면 낭패를 볼 수 있음을 알아야겠다.

샤오룽바오와 성젠의 맛을 정확히 구별하기는 어려운데, 성젠이 구수한 맛이 있어 내 입맛에는 더 맞는 듯했다. 전문가들에게 물으니 사실 샤오룽바오와 성젠은 비슷한 것 같지만 다른 음식이라고 한다. 상하이의 분식집 가운데 이 두 가지를 동시에 잘하는 집은 거의 없다는 데서 그 차이를 짐작할 수 있다는 것이다. 그러고 보니 샤오룽바오가 쪄서 먹는 음식이라면 성젠은 기름에 구워서 먹는 음식이라는 점에서 만드는 방법에서도 차이가 있음을 알 수 있다. 잘못 만들면 기름에 튀긴 샤오룽바오가 되거나 찐 성젠이 된다는 말이 여기서 나오는가 보다. 그뿐만 아니라 밀가루 반죽에서도 둘은 차이가 있다고 한다. 샤오룽바오의 반죽은 피를 얇게 만들어야 하므로 일반적으로 발효를 시키지 않지만, 성젠은 2시간 정도 발효를 시켜 만든다.

위위안像園에 가면 '난샹만터우뎬南翔饅頭店'이라는 집이 있는데 현지인들은 물론 관광객들이 줄을 서서 기다릴 정도로 유명하다. 하지만 이곳은 본점이 아닌 위위안의 명성을 등에 업은 분점이라고 한다. 진짜 원조는 지

상하이에서 가장 유명한 만두집. 난샹만터우뎬. 언제나 1층에는 포장을 해가려는 사람들로 줄이 끝이 없다. 난샹만터우뎬은 3층으로 되어 있는데, 1층이 가장 서민적인 만두로 값이 싸고, 2층은 중간, 3층은 최고급 만두를 맛볼 수 있다.

▲ 딘타이펑은 난샹만터우뎬보다 조금 더 캐주얼한 분위기의 레스토랑으로 외국인들의 입맛에 맞도록 대중화되어 있다.

▼ 딘타이펑의 딤섬. 숟가락 위에서 딤섬을 터트려 육즙을 빼고 간장에 절인 생강을 함께 얹어서 먹는다.

하철 11호선 난샹역南翔站에서 1km 정도 거리에 있는 구이위안찬팅古椅園餐廳이라고 한다. 그리고 서울에도 있는 딘타이펑鼎泰豐의 샤오룽바오도 정말 뛰어난 맛을 자랑한다. 특히 딘타이펑이 대만에서 시작한 레스토랑임에도 샤오룽바오가 유명한 것은 중국의 근대사와 관련이 있는데, 1949년 중화인민공화국 수립 이후 대만으로 쫓겨난 국민당이 상하이의 대표적인 샤오츠小吃*인 샤오룽바오를 섬세하고 깔끔한 맛으로 변화시켜 지금에 이르렀다는 것이다. 성젠의 절대 강자는 우장루嗚江路의 샤오양성젠小楊生煎이다. 그런데 지금은 도심재개발로 점포가 철거되어 근처 쇼핑몰로 옮겼는데 자리도 좁고 명성도 예전만은 못하다고 한다. 그래서 요즘 사람들에게는 좀 밋밋한 맛이지만 옛 상하이의 맛을 여전히 간직하고 있는 집으로 지하철 1호선 황피난루역黃陂南路站에서 도보로 10분 거리에 있는 둥타이샹東泰祥도 가볼 만한 곳이다.

* 간단한 음식, 가벼운 식사를 말한다.

이외에도 만터우饅頭, 딤섬, 자오쯔餃子, 바오쯔包子, 훈툰餛飩 등 상하이에서 파는 만두 종류는 한두 가지가 아니다. 상하이의 음식 세계 속으로 천천히 조금씩 들어가봐야겠다고 생각하니 벌써부터 기대감으로 입안 가득 침이 고이기 시작했다. 56개의 민족, 수백 수천 가지의 음식이 있는 중국의 광대함이 그저 놀라울 따름이다.

상하이런의
아침 식사

●

　　중국의 시간은 우리나라보다 1시간 늦다. 하지만 대부분의 업무 시간이 아침 8시가 조금 넘어 시작되므로 사실상 우리나라의 출근 시간과 거의 비슷하다고 보면 된다. 그런데 시간상으로는 아침 8시쯤부터 일을 시작하는 데다 대부분의 사람들이 출근할 때 이동 거리와 걸리는 시간이 만만치 않아서 출근 준비를 하는 일이 우리나라보다 오히려 더 바쁘다고 할 수 있다. 그래서인지 중국 사람들은 아침 식사를 거르거나 아주 가볍게 먹는 경우가 대부분이다. 출근길에 버스정류장이나 지하철역 앞에서 파는 간단한 음식으로 아침 끼니를 해결하는 것이다. 그래서 아침 일찍 상하이 거리에 나가보면 빵 같은 종류의 음식이 들어 있는 하얀색 비닐봉지를 들고 걸어가는 사람들을 쉽게 만날 수 있다. 대체로 길거리에서 파는 음식을 포장해서 가져가는 것으로, 출근길이나 출근한 후에 직장에 가서 먹기 위한 것이다.

　　상하이에 처음 왔을 때 아침 식사를 하기 위해 학교 식당에 들렀는데 밥이 전혀 없었다. 한국에서는 간단히 먹더라도 어지간해서 아침을 거르는 법이 없었던 터라 순간 당황했었다. 아침을 먹는 학생들 숫자도 아주 적었고 식당 코너 가운데 문을 연 곳도 몇 군데 되지 않았다. 문을 연 코너에 가까이 가서 학생들이 무엇을 주문하는지 보았더니 쌀뜨물처럼 생긴 음료와 찐빵 그리고 바게트처럼 길쭉하게 생긴 튀긴 빵이 전부였다. 옆 코너를 봐도 죽과 만두를 팔 뿐 밥 종류는 아예 없었다. 결국 무엇을 먹어야 할지 망설이기만 하다가 숙소로 돌아와 커피 한 잔으로 아침 식사를 대신

했었다. 그 이후로 나는 종종 빵을 사두었다가 커피와 함께 먹는 서양식 아침 식사를 하는 날이 점점 많아졌다.

상하이의 아침 식사는 말 그대로 샤오츠, 즉 간단한 먹을거리 종류이다. 젠빙煎餅, 충유빙蔥油餅, 더우장豆漿, 유탸오油條, 조우粥 등과 만터우, 수이지아오水餃, 훈툰, 셩젠 등의 만두를 주로 먹는다.

'젠빙'의 '煎'은 '불에 굽다, 지지다'라는 뜻이고 '餅'은 '떡'을 의미하니 우리말로 설명하면 구운 전병 정도가 되지 않을까 싶다. 불에 달구어진 큰 철판 위에 밀가루를 얇게 깔고 그 위에 계란, 햄, 야채 등 자기가 좋아하는 재료를 넣어 돌돌 말아 손에 들고 먹는다. 가격도 3위안 정도로 저렴해 서민들이 먹기에 부담 없어 아침 출근길에 흔하게 볼 수 있는 상하이의 가장 대표적인 아침 식사이다. '충유빙'의 '蔥'은 '파'를 '油'는 '기름'을 뜻하니, 속에 파를 넣어 기름에 튀긴 전병 정도로 풀이할 수 있다. 어찌 보면 우리나라 호떡 같이 생겼는데 기름에 튀겨 바삭바삭하고 고소한 맛이 일품이다. '더우장'은 학교 식당이나 매점에서 가장 흔하게 볼 수 있는 음식

호박죽, 자색 고구마죽, 닭죽
상하이런들이 아침 식사로 즐겨 먹는 죽

수이지아오

인데 일종의 콩물이라고 해야겠다. 우리나라의 두유와 비슷한 듯 보이지만 실제로 맛을 보면 물에다 콩을 갈아 넣은 것 같은 그냥 밋밋한 맛이 난다. 사람에 따라서 콩 특유의 비릿한 맛을 싫어해서 두유 혹은 우유를 못 먹는 경우도 있는데, 아마도 이런 사람들한테는 비린 맛이 더 많이 느껴지는 '더우장'을 먹는 것이 힘들지도 모르겠다. '유탸오'는 '길다란 막대'라는 뜻의 '탸오' 모양의 밀가루를 기름에 튀긴 도넛 같은 것으로 정말 심심한 맛의 밀가루 빵이다. 그냥 이것만 먹기에는 사실 아무런 맛이 나지 않는데, '더우장'과 궁합이 잘 맞아 같이 먹는 사람들이 꽤 많다. '조우'는 우리나라의 죽과 같은 것으로, 쌀, 옥수수, 삭힌 오리알 등 다양한 재료를 사용해 여러 종류를 만들어낸다. 상하이 사람들에게는 죽도 즐겨 먹는 아침 메뉴여서 KFC와 같은 패스트푸드점에 가도 아침 식사로 죽을 팔기도 한다.

여러 가지 만두 종류도 상하이 사람들이 많이 먹는 아침 식사이다. 거리를 나가보면 만두 가게들을 흔하게 볼 수 있고, 아침 식사를 잘 안 하는 탓에 아침에 문을 여는 가게들이 거의 없지만 '훈툰'을 파는 곳은 아침에도 장사를 하는 경우가 많다. 상하이에 살면서 내가 가장 즐겨 먹은 아침 식사 역시 만두, 그중에서 '수이지아오'였다.

내가 있었던 학교 식당 2층에 가면 훈툰과 수이지아오를 전문적으로 파는 코너가 있었는데, 그곳에서 샹구셴러우수이지아오香菇鮮肉水餃, 즉 표고 버섯과 신선한 돼지고기를 넣어 만든 물만두를 주로 먹었다. 수이지아오 는 물에 쪄서 접시에 담아 간장에 찍어 먹는 방법과 그릇에 담아 육수를 붓고 파, 마늘 등 기호에 맞게 양념을 넣어 탕湯으로 먹는 방법이 있는데, 나는 원래 국물을 좋아해서 늘 탕으로 먹었다. 내가 있는 동안 이 가게 주인이 중간에 한 번 바뀌었는데, 먼저 주인이 만든 수이지아오탕이 조금 허름한 구석이 있긴 했지만 얼큰한 맛이 나는 양념을 곁들일 수 있어서 내 입맛에는 더 맞았다. 나중에 온 주인의 경우에는 만두 맛은 오히려 더 깔끔하고 맛있었지만 국물 맛을 내는 데는 먼저 주인의 솜씨를 따라올 수는 없는 듯했다. 물론 이것은 어디까지나 한국인인 내 입맛에 따른 평가이므로 실제 중국 사람들의 입맛에 맞는 수이지아오가 어떤 것인지는 정확히 모르겠다. 지금 생각해보니 아침마다 내 식사를 간단하게나마 해결해준 만두집 주인 내외에게 고맙다는 인사조차 못한 것이 못내 미안하다. 여름 방학을 마치고 학교로 돌아갔을 때는 이미 주인이 바뀌어 있었던 터라 인사할 기회조차 잃어버렸다. 지금에 와서 이렇게 지면을 통해서라도 인사를 하는 수밖에 다른 도리가 없어 안타까운 마음이다. 슈푸叔父! 셰셰謝謝!

중국에서
'중국집'을 찾다

　　국경절 첫날, 일주일간의 연휴로 상하이와 상하이 주변에 사는 학생들이 모두 집으로 가서 학교는 그 어느 때보다 조용했다. 기숙사에 남아 있는 타 지역 학생들이 이럴 때면 더욱 외롭고 쓸쓸할 것 같아서 점심이라도 한 끼 사줘야겠다 싶어 만나기로 약속을 했다. 학교에서 걸어서 15분 정도 거리에 있는 이마트는 그동안 자주 다녔는데, 학생들 말로 거기서 조금 더 가면 테스코TESCO가 있다고 했다. 그곳은 한 번도 가본 적이 없는 데다 그 앞에 한국 식당도 있다고 해서 거기에 가서 점심을 먹기로 했다. 학교 동문 앞에서 난차오7루셴南橋7路線 버스를 타고 10분 정도 거리에 위치해 있었다. 국경절 연휴라서 그런지 테스코 앞에는 사람들로 발 디딜 틈이 없었다. 국경절 연휴 동안은 중국 어딜 가도 사람밖에 없다고 하니 '펑셴奉賢이 아무리 상하이 외곽이라 해도 예외일 수는 없구나' 하는 생각이 들었다. 우선 점심부터 먹고 마트 안을 둘러보기로 하고 한국 식당으로 갔다. 버스정류장 바로 앞에 한국중화요리韓國中華料理라는 간판이 눈에 확 들어왔다. 말 그대로 한국식 중국집인데, 중국에서 '중국집'을 만난 반가움에 마음이 저절로 들떴다.

　　무엇보다도 맛이 중요한데, 사실 중국에서 한국식 음식이란 말은 내걸어도 실망스러운 게 대부분이라 과연 간판에 적힌 대로 한국식 중국집이 맞을지 긴가민가했다. 그런데 메뉴판을 보는 순간 어찌나 웃음이 나던지 음식 이름을 한국어로 옮겨놓은 솜씨가 정말 재미있다고밖에는 표현할 수 없었다. 예를 들어 '마라탕추러우麻辣糖醋肉'는 '매운탕수육'인 듯한데 '면

길 탕수육'으로, '바바오차이八寶菜'는 '팔보채'인데 '여덟 요리'로, '자장판
炸醬飯'은 '짜장밥'이 아니고 '자장면 을 밥', '차오마판抄碼飯'은 '짬뽕밥'이
아니고 '짬뽕 은 밥', '하이셴탕몐海鮮湯面'은 '해물탕면'인데 '면 길을 재탕
면'이라는 국적 불명의 말들로 번역해놓았다. 그중 압권은 '달걀 가방 토
마토 밥'인데, 달걀과 가방, 토마토의 아주 이상한 조합이 도대체 어디에
서 온 말인지를 보니 '단바오판체판蛋包番茄飯'으로 우리말로 옮기면 '달걀
을 덮은 토마토오므라이스' 정도 될 것 같다. 아마도 영 신통찮은 번역기
에다 중국어를 입력하고 나오는 한국어를 그대로 사용한 것으로 보인다.
그래도 중국에서 좀처럼 보기 드문, 더군다나 한국인들이 거의 살지 않는
펑셴에 있는 한국식 중국집이니 고마울 따름이다. 그래서 다음에 식당이
좀 여유가 있을 때 와서 메뉴판의 한국 요리 명칭을 고쳐주면 좋겠다는
생각이 들었다. 중국인들에게 한국식 중화요리를 알리고 있는 이 식당의
존재만으로도 한국인들이 정말 고마워해야 할 일이 아닐까 싶다.

탕수육과 떡볶이를 시키고 각자 한 가지씩 자기가 먹을 음식을 주문했
다. 짜장면, 간짜장, 해물짜장, 새우볶음밥, 한국탕면 등을 시켰는데 물론

▲ 메뉴와 한국탕면
◀ 펑셴의 한국식 중국집

그 맛은 한국에 비할 바는 아니지만 그래도 한국 중화요리의 맛에 비교적 가까워 아주 맛있게 먹었다. '한국탕면'이란 이름이 좀 특이했는데 먹어보니 한국의 삼선우동과 비슷한 요리였다. 대체로 상하이 시내에 가면 한국식이라고 이름 붙여놓아도 '짜장면' 맛이 한국과는 아주 다른데, 이곳은 종류대로 짜장면 맛을 다르게 만들 수 있는 것만 봐도 주방장이 한국에서 제대로 배워온 솜씨가 아닐까 짐작되었다. 아니나 다를까 주방장을 잠시 만나보니 한국어를 곧잘 하는 사람이었고 한국의 중국집에서 무려 8년이나 있었다고 했다. 한국 사람들이 좋아하는 중국 음식의 맛을 제대로 알고, 그 맛을 충분히 만들어낼 줄 아는 요리사였다. 바쁜 점심시간이라 긴 얘기를 나누지 못했지만 다음 기회에 이 식당이 더욱 잘될 수 있도록 한국인으로서 조언을 해주어야겠다고 다시 한 번 생각하면서 식당을 나왔다.

오늘은 중국에서 '중국집'을 찾은 날이다. 맛도 좋고 가격도 저렴한, 나로서는 아주 반갑고 고마운 식당이 아닐 수 없다. 앞으로 이 식당에 단골로 드나들면서 한국에 대한 향수를 조금은 달래야 할 것 같다. 중국 상하이에 있는 '중국집'에서 향수를 달래다니 막상 내가 말해놓고도 절로 웃음이 나왔다. 한국인들의 중국 사랑은 어쩌면 짜장면에서 비롯된 것일지도 모르겠다고 생각하니 마음 한구석에서 웃음이 그치질 않았다. 다음에 비가 오는 날이면 이곳에 와서 짬뽕을 먹어봐야겠다고 문득 생각했다. 짜장면, 짬뽕 한 그릇을 먹는다는 생각만으로도 입가에 행복한 미소를 짓게 되는 걸 보면 세상 사는 이야기가 참 별것도 아닌 게 아닐까 싶다. 상하이에서 만난 중국집에서 맛있는 삶을 산다는 것에 대해 잠시 생각할 수 있었다.

향수병을 달래는
한국 음식

●

    최근 상하이에서는 중국인들의 한류 열풍에 힘입어 한국 음식에 대한 관심도 크게 고조되고 있다. 각 지방의 수만 가지 음식을 자랑하는 음식 대국 중국의 입장에서 이웃 한국의 음식 문화는 또 다른 호기심을 불러일으키기에 충분한 데다, 중국인들의 안방을 장악한 한국 드라마의 영향으로 한국 음식의 인기는 날이 갈수록 치솟고 있다. 돌솥비빔밥, 불고기 등은 이미 중국 음식 시장의 한 축을 차지했고, 근래 들어 떡볶이, 치킨, 닭강정 등 한국의 분식이나 배달 음식 등도 중국 젊은이들의 입맛을 사로잡고 있다.

    펑셴에는 난팡궈지광창南方國際廣場이란 곳이 있는데 그 이름에 걸맞게 분수대와 백화점, 대형마트 그리고 음식점들이 들어 서 있는 광장이다. 시원한 물줄기를 보고 마냥 좋아하는 아이들의 모습은 한국이나 중국이나 매한가지였는데, 광장 분수대 앞에서 잠시 중국 아이들이 즐겁게 웃는 모습을 지켜보다가 광장 근처의 건물 3층에 있는 한국식 불고기 식당 '부산요리'로 갔다. 중국인이 운영하는 체인 식당인데 이름이 왜 '부산요리'인지는 종업원에게 물어봐도 모두 모른다고 했다. 내부 인테리어를 보니 벽면에 해운대, 태종대, 온천장 등 부산의 명소를 한국어로 적어놓아 '부산요리'임을 이유 없이 강조하고 있을 따름이었다.

    이곳은 상하이의 한국 음식점을 소개한 책자《韓餐廳指南한찬청지남-上海版상해판》(한식재단, 2014)을 보면, 이곳은 "만일 당신이 육식주의자라면, 동시에 숯불구이 마니아라면 제대로 찾아온 셈이다. 소고기, 양고기, 돼지

고기 메뉴가 골고루 있을 뿐 아니라 각종 해산물까지 그
야말로 없는 게 없는 곳"이라고 소개되어 있다.

상하이에서 1년을 지내는 동안 한국 음식이 그리운 날
이면 나는 어김없이 이곳을 찾았다. 중국인들을 주요 고객
으로 하는 한국 음식점이라 중국인들의 입맛에 맞춰 조금
은 변형되어 있었지만, 한국 음식을 비슷하게 흉내 낸 것
만으로도 감격하는 외국인 거주자의 처지에서는 이보다
더 좋은 곳은 없었다.

이러한 전통 한식 외에도 중국 젊은이들을 중심으로 한
국 분식에 대한 인기도 크게 확산되고 있다. 상하이에만
해도 핫보이즈Hot Boys, 떡잔치머슈돈나, 중국명 德站琪, 장상한핀掌
上韓品, 가오푸치糕富奇, 잇앤고Eat & Go 등 다양한 브랜드의 떡

볶이집이 있다*고 하니 그 인기를 실감
할 만하다. 특히 장상한핀은 상하이 시

* 김명신, 《상하이 비즈니스
산책》, 한빛비즈, 2014, 16쪽.

내 곳곳에 체인점을 운영하는 대표적인 한국 분식점으로,
'손바닥 위의 한국 요리'라는 이름부터가 신선하고 우리
나라의 소규모 분식 체인과 마찬가지로 다양한 메뉴로 상
하이 사람들의 입맛을 사로잡고 있다. 가끔 시내에 나가보

◀ 상하이의 한국 음식점을 소개한 책자 《韓餐廳指南−上海版》
▼ 음식점 '부산요리'

면 점심시간에 장상한핀 가게 앞에 줄을 서서 기다리는 사람들을 흔히 볼 수 있다. 음식 값도 10위안에서 30위안 내외이니 상하이 시내의 물가를 고려하면 비교적 저렴한 편이다.

중국 사람들이 흔히 하는 말 가운데 "난톈베이셴, 둥라시수안^{南甜北鹹, 東辣}^{西酸}"이라는 말이 있다. "남방 사람들은 단 걸 좋아하고, 북방 사람들은 짠 걸 즐겨 먹으며, 산둥^{山東} 사람들도 매운 걸 즐겨 먹고 산시^{山西} 사람들은 신 음식을 즐겨 먹는다"는 의미이다. 아시아 전역에 걸쳐 있는 중국의 넓은 면적을 감안하면 각 지역마다 음식에 대한 기호도 다르고 습관도 달라서 맛에 대한 인식의 차이가 있음은 너무도 당연하다. 이 말에 기대어볼 때도 상하이 사람들은 오래전부터 매운 음식을 즐겨 먹지 않고 잘 먹지도 못하는 편이었던 듯하다. 실제로 중국 학생들과 같이 식사를 해보면 고향에 따라 음식에 대한 기호가 확연히 다르다는 점을 알 수 있다. 그러므로 맵고 짠 자극적인 맛이 강한 한국 음식이 중국인들에게 무조건 좋은 인상을 주기는 어렵다고 생각한다. 결국 한국 음식이라고 해도 현지인의 입맛을 고려한 적절한 변형이 필요하다.

아마도 상하이의 한국 음식은 이러한 중국인들의 입맛을 충분히 고려하고, 음식을 대하는 중국인들의 생각도 세심하게 살핌으로써 좋은 평가를 이끌어내고 있는 게 아닐까. 중국에 미친 한류의 영향이 대중문화를 넘어서 음식으로 확장되고 있는 것은 한류의 다양화라는 측면에서도 아주 긍정적인 결과가 아닐 수 없다.

상하이의 음식, 술
그리고 차

●

평소 술을 즐겨 마시지 않는 탓에 감히 술맛을 안다고 말할 주제는 안 되지만, 대부분의 한국 사람들이 중국에 가면 식당에서 반주 삼아 칭다오淸島 맥주를 마신다는 것쯤은 알고 있다. 잘 알다시피 독일과 오랜 인연을 맺은 칭다오의 역사는 맥주로 유명한 독일의 주조 기술에 힘입어 세계적인 맥주 브랜드를 남겼다.* 중국은 각 지역별로 유명한 맥주가 따로 있는데, 예를 들어 베이징北京은 옌징燕京, 하얼빈哈爾濱은 하얼빈, 난징南京은 진링金陵, 선양沈陽은 쉐화雪花 등 그 종류는 다양하다. 하지만 이 가운데 한국인들의 입맛에는 칭다오가 단연 손꼽히는 맥주이다.

* 칭다오는 중국 산둥성 동부에 위치한 도시로, 본래 한적한 어촌이다. 칭다오 지역의 광천수와 지하수는 물맛이 좋기로 유명하다. 1897년 독일은 칭다오를 침략했고 극동 지역의 근거지로 삼았다. 이후 1903년 독일 정착민들에 의해 칭다오 맥주의 생산이 시작됐다.

상하이의 술은 크게 맥주와 백주白酒 그리고 황주黃酒로 나눌 수 있다. 독일의 주조 기술로 만들어진 칭다오 맥주와 달리 백주와 황주는 중국의 전통술이다. 즉, 고량高粱, 수수으로 만든 백주는 기본 도수가 30도 이상으로 52도가 가장 일반적인 증류주이고, 황주는 찹쌀과 누룩으로 빚은 12도 정도의 발효주이다. 이름에서 짐작할 수 있듯이 백주는 맑고 투명한 술이고, 황주는 옅은 갈색을 띤다.

백주는 크게 농향형農香型, 청향형淸香型, 장향형醬香型 세 종류로 구분되는데, 과일향이 짙어 그 향기가 단맛으로 입안에 감도는 농향형이 가장 대중적이며 초심자들에게 적합하다. 우리나라 사람들에게 익숙한 우량예伍糧液, 수이징팡水井坊이 대표적인 농향형 백주이다. 청향형은 우리가 흔히 아

는 얼궈터우주二鍋頭酒가 대표적인데, 두 번 솥에서 걸렀다고 해서 '이과두주'라고 이름 붙여졌다. 값이 저렴해서 중국에서 서민들이 즐겨 마시는 대중적인 술 가운데 하나이다. 마지막으로 장향형 백주의 대표적인 술이 바로 흔히 한국 사람들이 중국 술 가운데 가장 좋은 술로 알고 있는 마오타이주茅台酒이다. 잔에다 코를 대고 향을 맡으면 발효가 잘 된 간장 냄새가 난다고 해서 '장醬' 자를 붙여 장향형이라고 한다.

상하이에 머무는 동안 회식 자리에서 가장 많이 마신 술은 하이즈란海之藍이다. 하이즈란, 톈즈란天之藍, 멍즈란夢之藍 세 단계로 이루어져 있는데, 그중 하이즈란이 가장 저렴하고 멍즈란이 가장 비싸다. 상하이 인근 난징에서 생산되는 술로, 중국 국가주석을 지낸 장쩌민江澤民이 국가 행사에서 건

배주로 사용해 상하이에서는 꽤 이름난 술이다. 세상보다 넓은 바다海之藍, 바다보다 넓은 하늘天之藍, 하늘보다 넓은 사내의 꿈夢之藍이란 술 이름 그 자체로 시와 술을 사랑하는 중국의 호방함을 닮아 매력을 끈다.

황주는 세계에서 가장 오래된 술 중 하나로 루쉰魯迅의 고향 사오싱紹興의 사오싱주紹興酒가 가장 유명한데, 사람들에 따라 호불호가 확연히 갈리는 술로 중국 남방계 음식들과 궁합이 잘 맞는 술로 통한다. 그래서 상하이 사람들은 예전부터 황주를 즐겨 마셨다고 하는데, 특히 상하이 특산인 다자셰大閘蟹는 무조건 황주를 곁들여 먹어야 한다고 한다. 상하이 전통술로 대형 마트에 가면 만날 수 있는 스쿠먼石庫門이 가장 유명하고 대표적인 황주 브랜드로는 구위에룽산古越龍山이 있다.

중국의 또 다른 문화는 바로 '차茶' 문화이다. 식당을 방문하면 물보다 차를 먼저 건네주고, 많은 사람들이 차를 병에 담아 들고 다니면서 마시기도 한다. 보통 중국에서는 한국 사람들이 잘 알고 있는 다양한 꽃으로 만든 화차花茶와 녹차의 일종인 '룽징차龍井茶' 등이 유명하다. '룽징차'는 한국 사람이 자주 먹는 녹차보다 조금 더 단맛이 강한 것이 특징이다. 중국의 다른 지역과 달리 1900년 초반, 프랑스, 영국 등 서구의 영향을 많이 받은 상하이의 경우에는 홍차와 여러 찻잎을 섞어 독특한 향을 내는 블렌딩Blending 차가 유명하다. 특히 타이캉루 톈쯔팡泰康路 田子坊에 위치한 많은 가게들은 프랑스, 영국, 대만 등 각각의 지역 특색을 내세우며 관광객들의 시선을 사로잡고 있다. 이렇게 차 문화가 활성화되어 있어서인지 한국보다 애프터눈 티Afternoon tea 문화가 더 자연스러운 곳이 상하이며, 다양한 디저트와 차를 판매하는 해외의 여러 브랜드 등이 상하이의 유명 쇼핑몰에 상당수 입점해 있다.

상하이의 3대 카페 중 하나라고 불리는 '송팡 메종 드 떼'는 프랑스 조계지에 있으며, 중국의 차뿐 아니라 다양한 프랑스 차도 판매한다.

상하이의 유명한 요리인 다자셰는 흔히 상하이 털게라고 불리는 중국 민물 털게를 상하이식 조리법으로 쪄낸 것이다. 장쑤성江蘇省 쑤저우시蘇州市 양청호陽澄湖에서 잡아 올린 좋은 품질의 게를 재료로 한 찜 요리로, 부드러우면서도 쫀득한 식감과 특유의 단맛을 내는 별미 중의 별미로 손꼽힌다. 살이 차오르는 늦가을이 제철이며 추석 전후인 9월은 해황이 꽉 찬 암게(배딱지가 둥근 형태)를 먹고 10월 이후에는 수게(배딱지가 세모난 형태)를 먹는다고 한다. 다자셰는 민물 게라서 염분이 없어 금방 부패하기 때문에 꼭 살아 있는 것으로 요리해 먹어야 한다. 먹을 때는 입과 아가미, 심장, 내장을 떼어내고 먹는 것이 좋으며 중국 식초에 다진 생강을 섞은 소스를 곁들여 먹는다.

다자셰 외에도 상하이에서는 중국 8대 요리를 모두 만날 수 있다. 우리나라 사람들에게 익숙한 라조기, 마파두부가 대표적인 사천요리, 불도장, 삭스핀 등 고급 음식이 많은 광둥廣東요리, 탕수육으로 유명한 산둥山東요리를 비롯해 장쑤江蘇요리, 저장浙江요리, 안휘安徽요리, 후난湖南요리, 푸젠福建요리 등 광활한 중국의 요리 전체를 맛볼 수 있다. 중국 음식점의 간판을 보면 대체로 지역의 이름을 걸고 있어서, 각 지역 출신의 상하이 사람들은 원하는 대로 고향의 맛을 경험할 수 있다. 한국인들에게는 아무래도 매운맛이 주된 특색인 사천요리와 조선족들이 많이 사는 동북 지방의 요리가 가장 입에 맞는 음식이다. 한 국가나 민족을 구성하는 데 있어서 의식주가 차지하는 상징적 힘을 절감하지 않을 수 없다. 그만큼 음식은 민족을 대대로 이어주는 원형으로서의 살아 있는 가치를 지니고 있는 것이다.

PART 3

상하이를 걸어
도시를 보다

도시의 랜드마크:
와이탄과 푸둥

상하이의 랜드마크는 와이탄外灘과 푸둥浦東이다. 상하이를 찾은 외국인들뿐만 아니라 중국 사람들에게도 와이탄과 푸둥은 상하이를 대표하는 명소로 자리 잡고 있다. 와이탄과 푸둥은 중국 근대 역사의 상처와 고통을 마주하고 있는 역사적 장소이면서 동시에 중국의 눈부신 발전을 한눈에 볼 수 있는 국제적 명소이기도 하다.

1,2,3 상하이의 명동으로 불리는 난징루
4 상하이의 대표 서점인 신화슈뎬

신좡역華莊站에서 1호선을 타고 런민광창역人民廣場站에서 내려 난징둥루南京東路 방면 출구로 나갔다. 난징루南京路는 우리나라의 명동과 같은 곳으로 런민광창을 중심으로 동쪽은 난징둥루, 서쪽은 난징시루南京西路라고 불린다. 난징둥루가 과거 영국 조계 지역으로 영국의 옷을 입고 있다고 한다면, 난징시루는 옛날 프랑스 조계 지역으로 가는 길이어서 프랑스 옷을 입고 있다는 점에서 조금은 다른 느낌이었다. 난징둥루는 중국 최고의 번화가답게 곳곳에 백화점이 들어서 있었고 도로를 따라 관광 열차 여러 대가 딸랑거리는 소리를 내며 사람들 사이를 요리조리 피해 분주히 오가고 있었다.

여기저기 사진을 찍어대는 사람들 사이를 간신히 뚫고 상하이에서 가장 큰 서점인 상하이슈청上海書誠　신화슈뎬新華書店, 신화서점으로 갔다. 여기서도 서점을 보고 싶은 마음이 먼저 드는 걸 보니 직업은 속일 수 없는 노릇인가 보다. 1층부터 6층까지 분야별로 잘 정리된 규모가 아주 큰 서점이었는데, 대체로 책 가격은 우리나라에 비해 저렴했지만 디자인이나 제본 상태는 우리나라 책에는 다소 미치지 못하는 게 아닌가 싶었다. 달리 생각해보면 '우리나라 책이 지나치게 고급스러운 건 아닐까' 하는 생각도 들었다. 물론 모든 경우가 그러한 것은 아니지만 대체로 책의 내용보다는 편집, 디자인, 표지 등의 외관에 오히려 더 많이 신경을 쓰는 게 우리나라의 출판문화가 아닐지 모르겠다.

서점 구경을 마치고 와이탄으로 갔다. 북쪽 쑤저우허蘇州河에서 남쪽 진링둥루金陵東路까지 이어지는 약 2km의 강변은 계속해서 비가 흩날리는 날씨에도 불구하고 관광객들의 들뜬 표정과 웃음으로 가득했다. 나 역시 방송이나 사진에서만 보던 와이탄 거리를 직접 눈으로 보는 느낌은 남달랐는데, 이제야 비로소 상하이에 왔다고 실감한 순간이었다. 잘 정리된 산책로를 따라 황푸黃浦공원까지 걸어갔다. 황푸공원은 쑤저우허와 황푸강이 만나는 곳에 자리하고 있는데 그곳에서 와이탄의 풍경과 푸둥의 마천루가 가장 아름답게 보인다. 게다가 근처에 와이바이두차오外白渡橋*라는

100여 년의 역사를 자랑하는 옛 철교가 있는데, 한국에서 꽤 인기리에 방영되었던 드라마 〈아이리스〉에 나온 장소라서 관광객들에게 또 다른 명소가 되고 있다. 다리 위에서 바라

* 1907년에 건설된 다리로, 그 이전에는 다리가 없어서 사람들은 모두 배로 이동했다. 처음 건설 시에는 통행료를 받았으나 이후에는 돈을 지불하지 않게 되면서 '와이바이두차오', 즉 '외백도교'라고 부르기 시작했다.

보는 건너편 푸둥의 경관도 정말 장관이었다. 마치 섬 위에 떠 있는 미래 도시를 보는 듯한 착각에 빠지게 할 정도로 하늘로 치솟은 빌딩 숲이 황푸강과 자연스럽게 어울려 더욱 빛을 발하고 있었다.

난징둥루에서 엄청난 인파를 따라
걸어가면 와이탄이 나온다.

와이바이두차오

  황푸공원에서부터 다시 황푸 강변을 따라 천천히 걸어 내려갔다. 만국
건축박람회장이라고 불리는 곳인 만큼 유럽 각국의 건축양식이 한곳에
모여 있는 이곳. 지금의 와이탄은 세계 각국의 은행들이 들어서 있어 중국
의 '월 스트리트'로도 불리는 금융 중심지이다. 하지만 이곳은 1840년 아
편전쟁의 결과로 맺은 난징조약으로 1845년 영국이 조계지를 세운 곳으
로, 중국 근대사의 상처와 고통이 깊숙이 새겨진 장소이다. 1890년에서부
터 1928년까지 중국인의 출입이 통제되어 "개와 중국인은 출입금지"라는
푯말이 있었다는 풍문이 떠돌 정도로, 서구 열강에 자신의 삶터를 빼앗긴

근대 상하이 사람들의 아픔이 고스란히 남아 있는 곳이라고 할 수 있다.

아마도 모든 역사적 장소는 이러한 상처와 고통을 견디며 발전해온 아이러니를 지니고 있는 게 아닐까. 우리나라 역사만 살펴봐도, 일제에 의한 식민지 근대화로 외적 성장과 발전을 가져왔는지는 모르지만 그것은 수많은 민중의 상처와 희생 속에서 이루어진 것이란 점에서 진정한 의미에서 근대화라고 말할 수 없는, 식민지 근대의 모순을 지닌 것과 마찬가지이다. 그래서인지 와이탄에 열광하며 연신 사진을 찍어대는 중국인들의 모습을 바라보면서 역사의 아이러니를 생각할 수밖에 없었다.

비 오는 날의 와이탄을 뒤로하고 선착장에서 페리를 타고 황푸강을 건너 푸둥으로 갔다. 푸둥에 내리자마자 하늘 꼭대기까지 솟아오른 빌딩 숲이 나를 한없이 작게 만들었다. 먼저 푸둥에서 가장 아름다운 강변이라는 빈장다다오濱江大道로 갔다. 와이탄 강변이 상하이의 근대와 현대 사이에서 그 변화를 동시에 바라보는 곳이라면, 이곳은 상하이의 미래 안에서 과거를 바라보는, 즉 와이탄의 모습이 가장 잘 보이는 곳이다. 특히 강물 소리와 새소리를 들으며 고요하게 바라보는 와이탄의 인상은 조금 전 수많은 인파 속에서 바라봤던 모습과는 사뭇 다르게 다가왔다. 잠시 비를 맞으며 흘러가는 황푸강 물결 소리에 젖어들었다. 상하이 시민들이 이곳에서 와이탄을 바라보는 것을 가장 좋아하는 이유를 조금은 알 것 같았다. 나이 지긋한 노부부가 우산을 같이 쓰고 두 손을 꼭 잡고 강변을 걸어가는 모습에서 상하이 근대사의 한 장면이 스쳐 지나가는 듯했다.

와이탄에서 바라본 푸둥

푸둥의 중심으로 들어갔다. 푸둥에는 세계적으로 잘 알려진 3개의 높
은 빌딩이 있다. 오래전부터 상하이 하면 떠오르는 대표적인 관광 명소 등
팡밍주東方明珠塔, 동방명주, 진마오다사金茂大廈, 금무대하 그리고 상하이세계금융센

터 上海環球金融中心, Shanghai World Financial Center가 바로 그것이다. 이 가운데 가장 높은 곳은 상하이세계금융센터로 그 높이가 101층 492m로 타이완의 101층 빌딩(509m)보다 약간 낮지만 첨탑을 제외한 건물 자체의 높이만으로

는 이곳이 더 높다고 한다. 100층에 있는 전망대는 높이 474m로 기네스북에 등재된 세계에서 가장 높은 전망대이기도 하다. 다음으로 진마오다사는 88층 높이 420.5m로 전망대는 400m에 위치하고 있어서 그 아래로 둥팡밍주를 바라보는 것이 이색적이다.

　마지막으로 높이는 이 두 빌딩에는 미치지 못하지만 오래전부터 상하이의 랜드마크로 세계적 명성을 누리는 곳은 역시 둥팡밍주이다. 그 모양이 특이해서 더욱 주목을 받는데 멀리서 보면 우주선 같기도 해서 한편으로는 좀 어울리지 않게 촌스럽기도 하다. 아니나 다를까 이 건물의 탄생 과정에는 한 소학교 어린아이의 상상화가 모티브가 되었다고 한다. 상하이의 한 소학교 미술 시간에 상상화 수업에서 한 학생이 그린 그림을 건축가가 우연히 보고 설계를 했다는 것이다. 중국 개혁 개방의 상징으로 어린아이의 상상력을 끌어오려는 데 둥팡밍주의 숨겨진 의도가 담겨 있다고 할 수 있다. 350m에 위치한 상층 전망대에 오르니 상하이 전경이 다 보이는데 정말 놀라지 않을 수 없는 풍경이었다. 상하이를 왜 세계 최고의 도시 중 하나로 꼽는지 알 수 있었다. 더군다나 도시 사이를 흐르는 황푸강을 위에서 내려다보는 느낌은 더욱 남달랐다. 세계적인 도시 모두에 강이 흐른다는 사실은 그 자체로 축복이라고 말할 수 있을 것 같다. 아무리 현대적인 것이라 하더라도 강과 같은 자연과 조화를 이루지 못하다면 결코 아름다울 수 없는 것임을 새삼 깨닫는 순간이었다.

　하루 종일 걷고 또 걸었더니 몸도 마음도 지쳐갔다. 게다가 비까지 계속 내려 차갑고 추운 기운이 온몸을 감쌌다. 알면 알수록 보면 볼수록 상하이라는 도시는 매력적으로 느껴졌다. 과거와 현재, 동양과 서양이 서로 다투며 공존해온 세계 역사의 축도를 보여주는 듯했다. 비 내리는 상하이의 밤은 또 그렇게 흘러가고 있었다.

둥팡밍주 전망대에서 바라본 황푸강과 주변 모습

상하이의 화룡점정:
위위안

●

　　　　　　　아침부터 숙소 안으로 강렬하게 비쳐드는 봄 햇살
의 유혹에 이끌려 위위안像園을 갔다. 상하이의 역사에서 전근대와 근대를
나누는 경계선은 1842년 난징조약이다. 1840년 아편전쟁의 결과로 난징
조약이 체결된 후 한가한 어촌에 불과했던 상하이는 개항을 했다. 그 이후
상하이는 영욕의 중국 역사를 고스란히 안은 채 국제적인 도시로 성장했
고 이러한 아이러니 속에서도 지금은 아시아 최고의 도시로 발돋움했다.
1842년부터 1949년 마오쩌둥毛澤東에 의해 중화인민공화국이 설립되기까
지 상하이는 조계지 시대였다. 영국, 미국, 프랑스 등이 와이탄, 난징루와
화이하이루淮海路 일대를 그리고 일본이 루쉰공원이 있는 홍커우虹口와 뒤
룬루多倫路 일대를 치외법권 지역으로 설정했던 것이다. 결국 상하이는 중
국 근대사에서 식민지 근대의 모습을 가장 첨예하게 보여주는, 중국이지
만 결코 중국이라고 볼 수 없었던 안타까운 역사를 온몸으로 짊어진 도시
이다.

　그중에서도 위위안은 1842년 이전의 상하이의 역사가 집약되어 있는
곳으로 아주 특별한 의미를 지닌 장소라고 할 수 있다. 위위안은 명나라
사천 지방의 포정사布政使를 지낸 반윤단潘允端이 1559년에 짓기 시작해 18
여 년의 세월 동안 완성한 강남 지방의 대표적인 정원이다. 반윤단은 이곳
을 부모님의 편안한 여생을 위해 지었기 때문에 그 이름도 평안의 의미가
있는 예像를 붙였다고 한다. 중국의 역사적 유적이 고스란히 남아 있는 시
안西安이나 베이징北京과 달리, 근대 이전의 유적이 거의 없는 상하이에서

올드 시티old city로서의 모습을 볼 수 있는 유일한 곳이 바로 위위안이다. 그래서인지 위위안 일대는 언제나 말 그대로 인산인해人山人海였다. 상하이에 사는 사람들은 여기 다 모인 듯했고, 특히 상하이에 있는 외국인들은 모두 이곳에 관광 왔나 하고 착각할 정도로 사람들로 빽빽이 들어선 위위안 거리는 상하이의 국제적인 명성이 유감없이 발휘되는 곳이었다. 가장 예스러운 곳에서 가장 국제적인 느낌을 만끽하는 아이러니를 또 한 번 절감하면서 나는 넋을 잃고 위위안의 이곳저곳을 거닐었다.

위위안은 호심정湖心亭, 삼수당三穗堂, 점춘당點春堂, 향설당香雪堂, 계화청桂花廳, 득월루得月樓, 앙산당仰山堂 등 40여 개의 정자와 누각, 연못 등으로 이루어져 있다. 1601년 반윤단이 죽고 집안이 몰락하면서 위위안의 주인이 바뀌고 중국 근대사의 소용돌이 속에서 수차례 파괴되고 훼손되었다고 한다. 1760년 청나라 때 지역 사람들이 돈을 모아 파괴된 정원을 복원하고 인공 돌산인 석가산을 증축해 지금의 모습을 갖추게 되었는데, 그 후에도 아편전쟁과 태평천국의 난 등 역사적 격변을 거치면서 또다시 파괴되기를 거듭했다. 현재의 정원은 1956년부터 대대적인 보수공사를 하여 1961년 비로소 일반에 공개했다고 한다. 이처럼 위위안의 파란만장한 역사와 수차례 개보수 과정을 생각해보면 자연마저 인간의 손에 의해 끊임없이 조작되고 파괴되어온 세월이 참 무상하다는 생각이 들었다.

따뜻한 봄 햇살만으로도 아름다운 날이었는데, 이렇게 아름다운 정원에 만개한 봄꽃들까지 볼 수 있으니, 한국과 마찬가지로 자연과 어우러진 동양 건축의 아름다움은 말로 표현할 수 없는 감동 그 자체였다. 누군가가 상하이에 온다고 하면 꼭 위위안을 가보라고

말하고 싶다. 물론 상하이의 랜드마크로서의 와이탄과 푸둥에서 느껴지는 감동도 훌륭하지만, 위위안에서 느끼는 자연과 건축의 조화가 불러일으키는 감동만큼 가슴속에 오래 남아 있지는 않을 것이다. 상하이의 근대가 도시화와 문명화만을 고집했다면 아마도 지금의 위위안은 아무런 의미가 없었을지도 모른다. 그래서 나는 조금은 인공적인 느낌을 지울 수 없다손 치더라도 위위안이 있어 상하이가 더욱 의미 있는 도시가 된 것이 아닐까 생각한다. 마치 화룡점정畵龍點睛이랄까, 지금의 상하이가 가장 상하이다울 수 있는 것은 바로 위위안이 있기 때문일 것이다.

　내 마음에 여유로움이 좀 더 있었다면 아마도 위위안은 더 큰 울림을 주었을 것이다. 이제 나도 자연 앞에서 무릎을 꿇을 나이가 되어간다는 생각이 문득 밀려왔다. 정원 입구의 호심정에서 연못을 바라보며 차 한잔 마시는 여유로움이 이제는 내 삶 속으로 찾아오기를 기대해본다.

오래된 미래를 기억하다: 쉬자후이

●

　　　　　　쉬자후이徐家匯를 다녀왔다. 쉬자후이는 상하이 중심부의 교통 중심지로 지하철 1호선, 9호선, 11호선이 지나가고 근처에 다른 지하철 노선이 가까이 있어 상하이 시내를 다니려면 한번쯤은 이곳을 지나쳐야 한다. '쉬자후이'란 지명은 중국 명나라의 대학자인 서광계徐光啓. 1562~1633의 집안이 대대로 살아온 곳이라 이름 지어졌다. 그래서 서광계와 관련된 유적들이 도시 중심 여러 곳에 남아 있다. 특히 이곳은 서광계가 천주교에 입문해 중국 강남 지방의 천주교 중심지 역할을 했던 곳으로, 지금은 난징루와 함께 가장 활기찬 거리로 상하이 부도심으로서의 기능을 한다.

　　서광계는 명나라 말기에 예수회를 통해 서양의 과학과 사상을 받아들인 선구적인 지식인이었다. 그는 마테오리치Matteo Ricci, 1552~1610와 함께 중국에 여러 권의 번역서를 남겼는데, 이 책들은 모두 실학적 바탕 위에 과학과 농업을 장려한 것이다. 우리나라의 정약용 같은 분으로, 그가 죽었을 때 황제는 하루 동안 조정을 임시로 쉬게 하면서 애도를 표시했고 그의 주검을 상하이로 보내 쉬자후이에서 영원히 잠들게 했다

쉬자후이 거리에 있는 서광계 동상

고 한다. 훗날 상하이 사람들은 서광계의 사상과 업적을 기려 그의 묘소 주변에 기념관을 짓고 공원을 조성했다. 심지어 그에 대한 흠모와 추모의 마음을 담아 이곳의 지명을 '쉬자후이'라고까지 부르고 있다.

상하이 여기저기를 돌아다니면서 새삼 느꼈지만 전통과 역사를 지키고 보존하려는 상하이 사람들의 마음은 참으로 각별하다. 공원에 루쉰의 이름을 붙이고, 거리에 쑨원孫文의 이름을 붙이는 그 마음이 정말 부럽다. 상하이로 오기 얼마 전 서울에 있는 윤동주기념관을 다녀왔다. 그곳은 청와대 뒤편으로 북악스카이 올라가는 길에 있는데 윤동주가 자주 산책을 다녔던 곳이라고 한다. 그 길 이름이 무엇인지 잘 기억나지는 않는다. '윤동주 길'이라고 이름을 붙였다면 '북악스카이로 오르는 길'이라는 막연한 기억으로 남지 않고 평생 동안 기억에 남지 않았을까 하는 아쉬움이 들었다.

가장 먼저 쉬자후이 천주교당에 갔다. 옛 성당은 헐려서 지금은 볼 수 없는데 우리나라 천주교 제2대 신부인 최양업 신부가 이곳에서 사제서품을 받았다고 한다. 푸둥의 진자샹金家巷 옛 성당에서 1845년 8월 17일 우리나라 최초로 김대건 신부가 사제서품을 받았고, 쑹장松江의 헝탕橫塘 성당에서 김대건 신부가 첫 미사를 집전했던 것으로 보아 상하이와 한국 천주교의 역사는 아주 밀접한 관계를 가지고 있었던 듯하다. 성당의 아름다움을 배경으로 예비부부의 야외 사진 촬영이 한창이었다. 성당 안으로 들어가는 문이 닫혀 있어 정문의 수위에게 조심스럽게 다가가 잠시 들어가도 되겠느냐고 물으니 문을 열어주었다. 한국에 살면서도 거의 들어가보지 못했던 성당 안으로 들어섰다. 전주 한옥마을에 있었던 오래된 성당에서 느꼈던 그 숭고함이 다시 밀려왔다. 잠시 자리에 앉아 눈을 감았다. 무언가를 빌어보고 싶었다. 지금 내 가슴 안에 소용돌이치는 절박함을 이 순간만큼은 하느님 앞에 솔직히 말해보고 싶었다. 오늘의 내 기도를 하느님이 들어주실지는 아무도 모를 일이다. 그저 누군가에게 마음을 드러낼 수 있다는 사실만으로도 행복한 시간이었다.

▲ 서광계기념관 입구
◀ 광계공원 안의 서광계 무덤

쉬자후이 천주교당 옆으로는 장서루藏書樓가 있다. 상하이 최초의 종교 도서관이자 최대 규모의 근대적인 도서관 중 하나로 지금은 상하이도서관으로 편입되었다. 특히 장서루 남쪽의 4층 회랑식 건축물이 인상적이고 아름다웠다. 서광계기념관은 이곳과는 조금 떨어진 곳에 위치해 있고, 광계공원이라 이름 지어진 공원 안에는 서광계의 묘소와 기념관이 있다. 도심에 있어서인지 점심을 먹고 공원을 산책하는 사람들이 여기저기 눈에 띄었다. 화려하지는 않았지만 도심 중간에 한 사람의 무덤을 중심으로 공원을 조성해서 지나가는 사람들의 쉼터로 만들었다는 데 다시 한 번 놀라지 않을 수 없었다. 서광계 무덤은 그렇게 화려하지 않고 평범했지만 그 규모는 제법 컸다. 무덤을 중심으로 한 바퀴 돌아 나오면 기념관이 있고, 기념관 안에는 그가 남긴 저작들을 중심으로 명나라 말기 실학과 천주교의 전래에 대한 기록들이 전시되어 있었다.

어디든 그러하지만 교통의 중심지는 대체로 스쳐 지나가는 곳이기 마련이다. 사람들이 가장 많이 붐비는 곳이지만 사람들이 오래 머물지 않는 장소이기도 하기 때문이다. 쉬자후이, 이곳이 아마 상하이에서 그런 곳일지도 모른다. 하지만 상하이 사람들은 그곳을 한 사람의 이름으로 기억하고 잠시 멈춰갈 수 있는 곳으로 만들었다. 우리나라에는 서울이든 부산이든 도시 한가운데 어디쯤 그런 곳이 있을까. 빌딩 숲 속의 천주교당과 도서관 그리고 묘소와 기념관이 있는 공원을 둘러보면서, 역사는 분명 미래를 향하고 있지만 뒤를 돌아보는 데서 참된 방향을 찾을 수 있다는 사실을 다시 한 번 깨달았다. '오래된 미래', 이 모순된 말속에서 역사는 진정 앞을 향해 걸어가는 것이다.

올드 상하이의 흔적:
룽탕과 스쿠먼

●

베이징이 후통胡同의 도시라면 상하이는 룽탕弄堂의
도시다. 리룽裏弄이라고도 불리는 룽탕은 골목길이라는 의미의 상하이 방
언으로 전통 집들이 모여 있는 좁은 골목을 일컫는 명칭이다. 상하이의 행
정 구역에 지금도 '○○弄'이 쓰이고 있을 정도로 상하이에서는 아주 오
래된 거주지의 이름이다. 룽탕은 사실 상하이의 전통 주거형태는 아니며
그렇다고 서양의 주거형태도 아닌 근대 상하이의 독특한 주거 방식이다.
결국 룽탕은 근대 상하이의 조계지 역사와 밀접한 관련을 맺고 있는데, 조
계지 형성 이후 급격히 도시화를 거치면서 동서양의 주거 문화가 자연스
럽게 혼합된 룽탕이 등장하게 된 것이다. 상하이 외곽은 물론 중심지인 난
징루에 가도 화려한 거리 뒤로 숨어 있는 룽탕을 만날 수 있다. 도심 안의
룽탕에 가보면 샤오츠小吃를 팔기도 하고 야채나 과일 등을 팔기도 한다.
바깥 도로로 난 공동 문 하나를 지나 안으로 들어가면 양옆으로 수십 채
의 집들이 모여 있다. 화장실이나 수도 등을 공동으로 사용하다보니 집집
마다 서로 비밀이 있을 리가 없고, 따로 개인 마당이나 부엌이 없는 탓에
집 앞 골목길은 룽탕에 사는 사람들 모두의 마당이요, 부엌이기도 하다.

룽탕 안의 집들은 상하이의 전통 가옥인 스쿠먼石庫門 양식인데, 신천지
新天地 일대의 잘 정비된 고급 스쿠먼도 있지만 대체로 룽탕 안은 오래된 스
쿠먼으로 중국 근대의 슬픈 역사가 남아 있는 곳이기도 하다. 아편전쟁 이
후 상하이가 개항되면서 조계지가 세워지고 서양인들이 거주하는 이국적
인 도시가 만들어진다. 처음에는 "개와 중국인 출입금지"라는 푯말이 있

을 정도로 조계지 내의 서양인과 중국인은 같은 곳에 거주할 수조차 없었다. 그런데 태평천국의 난 이후 장쑤성江蘇省, 저장성浙江省 일대에서 난민들이 상하이로 대거 유입되면서, 중국인들 가운데 돈 있는 사람들은 조계지 안으로 들어와 비로소 화양잡거華洋雜居의 시대가 되었다. 이때 조계 당국은 자기들의 땅을 아끼기 위해 겉은 유럽풍으로 하고 안은 강남 지역의 특징인 우물 모양의 마당과 거실을 갖춘 집을 지어 돈 있는 중국인들에게 팔았는데, 이것이 바로 스쿠먼이다. 결국 스쿠먼은 동서양의 전통 가옥의 특징이 뒤섞인 상하이만의 독특한 집이 된 것이다.

스쿠먼은 대체로 벽돌과 나무로 만든 2층 집인데, 라오후촹老虎窓이라고 부르는 지붕 창문, 빨간 벽돌로 이루어진 외벽, 까만 나무 대문과 구리 손잡이, 돌로 만든 문틀로 되어 있는데, 스쿠먼이란 이름은 바로 이 문틀이 돌로 된 것에서 비롯되었다. 대표적인 스쿠먼 건물을 보려면 지금 신천지 중심에 있는 '중궁이다후이즈中共一大會址, 중공일대회지', '타이캉루 텐쯔팡泰康路田子坊', '뒤룬루多倫路' 등에 가면 된다. 하지만 이곳 룽탕의 스쿠먼은 대부분 옛 모습을 그대로 보존하고 있는 게 아니라 현대식으로 개조한 것들이어서, 스쿠먼의 옛 모습 그대로를 보려면 난징루 뒷길에 있는 룽탕으로 가는 것이 좋다. 이곳의 조금은 낡은 스쿠먼을 잘 정비된 신식 스쿠먼과 비교해 '구식 스쿠먼'이라고 부르기도 한다.

이처럼 룽탕과 스쿠먼에도 등급이 있다. 이 등급은 집의 품질은 물론이거니와 그 위치가 어디냐에 따라 크게 차이가 난다. 1920~30년대에는 지금의 홍커우 일대나 난징시루, 화이하이루 주변이 가장 고급 주택지였는데, 2층 관광버스를 타고 상하이 중심지 일대를 한 바퀴 돌아보면 당시의 스쿠먼과 룽탕의 모습을 잘 볼 수 있다. 지금으로 치면 도심 안의 주상복합건물 정도 되지 않았을까 싶다. 당시에도 1층은 대부분 상가로 사용했다고 하는데 지금도 상하이 중심의 스쿠먼을 보면 1층은 상가, 2층은 주택인 경우가 많다. 2층 버스를 타고 난징루의 좁은 길을 따라가면 플라타

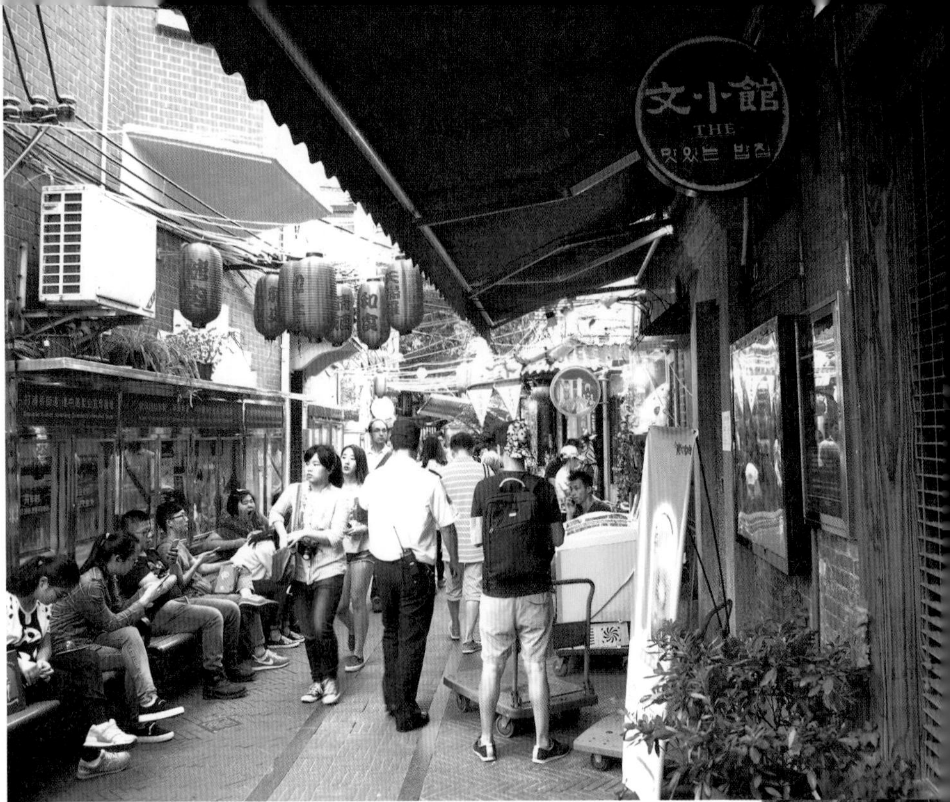

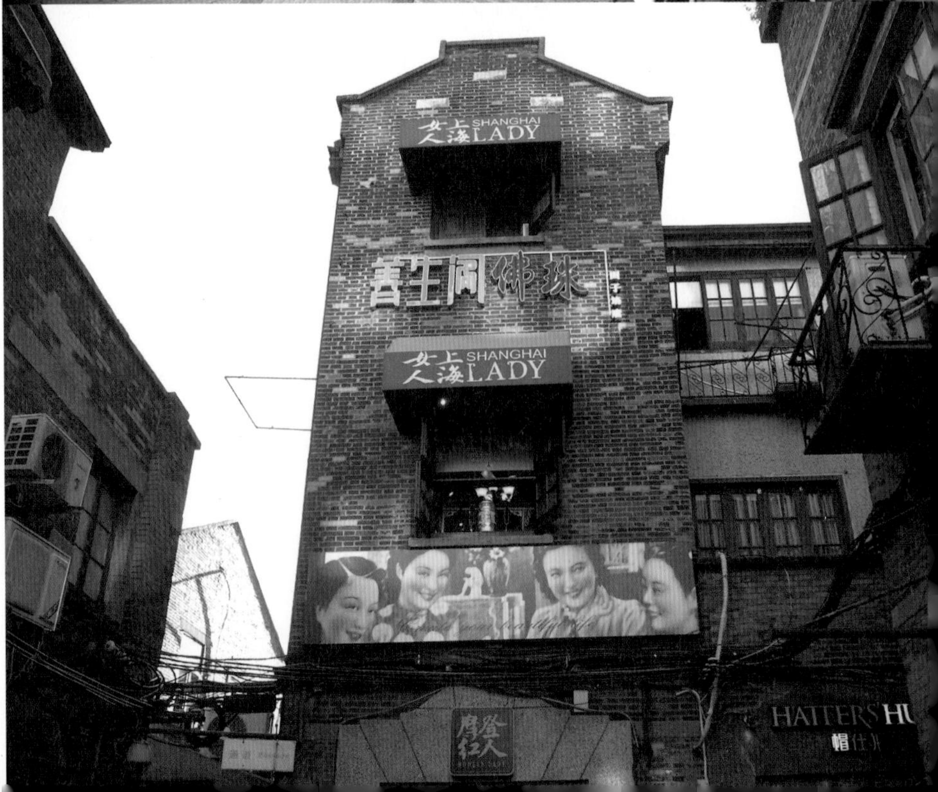

타이캉루 텐쯔팡의 건물

너스 사이로 2층 집에서 늘어놓은 색색의 빨래들이 참 인상적이다. 속옷
조차 아무렇지 않게 대로변에 널어놓은 중국인들의 마음을 여전히 이해
하지 못해서 아직도 얼굴을 붉힐 때가 많다.

   홍커우와 뒈룬루는 중국 근대 문인들이 많이 살아서 문화 거리로 유명
하다. 이 또한 룽탕과 스쿠먼 문화와 관련이 깊다. 당시 룽탕에 사는 사람
들은 비싼 임대료에 보탬이 되고자 빈방을 세놓는 경우가 많았다고 한다.
또한 방을 여러 칸으로 쪼개기도 하고 2층으로 올라가는 계단 옆에 다락
방을 만들어 세입자를 모으기도 했다. 바로 이 뒈룬루 룽탕 안의 스쿠먼
다락방에 중국의 진보적인 문인들이 대거 살았는데, 이곳에서 나온 문학
을 일컬어 '다락방 문학亭子間 文學'이라고 한다. 그래서 '다락방 문학'은 더
운 여름과 추운 겨울 다락방에서 힘겨운 시절을 이겨내면서 창작한 1920
년대 중국의 현실주의 문학을 일컫는 용어가 되었다.

   어쩌면 룽탕은 작은 마을이었다고 해도 과언이 아니다. 비좁은 골목 사

이로 수많은 사람이 함께 모여 살았기 때문이다. 지금도 상하이 사람들은 룽탕의 주거 방식을 좋아한다고 하는데, 이는 이웃 간의 너나들이가 가능했던 공동체 생활에 대한 진한 향수를 지니고 있어서일 것이다. 지금도 사람들이 사는 곳인 룽탕 안으로 들어가는 것은 상당히 조심스럽다. 말 그대로 남의 집에 허락을 받지 않고 들어가는 실례를 범할 우려가 크기 때문이다. 그래서 나도 룽탕 밖에서 그 안을 조심스럽게 들여다보고 마는 경우가 대부분이었는데, 이웃들끼리 모여 바둑이나 장기, 마작을 하거나 아이들이 골목길에서 천진난만하게 뛰어노는 것을 볼 때가 많았다. 물론 직접 살지 않고서야 이곳의 불편함을 알기는 어렵겠지만, 너나들이로 지내는 모습에서 지나치게 편리함만을 추구하면서 사실상 이웃 간의 관계를 끊고 살아가는 현대인들의 삭막한 모습을 돌아보게 했다. 상하이로 온 여행자라면 화려한 난징루를 걷다가 잠시 그 뒷골목에 멈추어 룽탕을 바라보면 좋을 듯하다. 룽탕과 스쿠먼을 바라보면 비로소 올드 상하이의 참 모습을 발견할 수 있을 것이다.

▲ 뒤룬루 문화 명인 거리. 루쉰공원 근처에 있는 뒤룬루는 루쉰 거리라고 해도 될 정도로 루쉰의 자취가 여기저기 남아 있다.
▼ 뒤룬루 거리에 있는 루쉰과 당대 문인들의 발자국

대국굴기,
상하이 마천루

상하이는 아시아 최고의 국제도시이다. 그 명성에 걸맞게 상하이 중심지는 하늘을 찌르는 고층 건물들이 서로 경쟁이나 하듯 여기저기 치솟아 있다. 상하이 최고의 마천루를 보려면 무조건 푸둥으로 가면 된다. 지하철 2호선 루자쭈이역陸家嘴站에 내려 출구를 나가자마자 하늘은 온통 빌딩 숲이다. 도로 위를 가로지르는 긴 육교를 따라 계속해서

걸어가면 최소 50층 이상의 빌딩들이 여기저기에서 어깨를 겨루는 모습이 한마디로 중국의 저력을 눈앞에서 실감하게 한다.

그중에서도 특히 둥팡밍주, 진마오다사, 상하이세계금융센터 이 3개의 빌딩은 그야말로 압권이다. 세 곳의 전망대에서 내려다보는 상하이 풍경은 조금 과장해서 말한다면 천하天下를 내려다보는 마음이지 않을까 싶다. 하지만 전망대를 올라가는 비용이 중국 국민들의 소득 수준을 감안할 때 만만치 않은 액수이다. 둥팡밍주의 경우 가장 일반적인 중간 전망대까지 올라가는 데만 해도 120위안, 진마오다사도 120위안, 상하이세계금융센터는 100층이 150위안, 94층이 120위안이니 한국 돈으로 환산하면 대략 2만 원이 넘는다. 그래도 상하이에 살면서 이곳을 올라가보지 않는다는 것은 불명예라는 허욕이 앞서는 것을 보면, 더 높이 올라가서 세상을

둥팡밍주

내려다보고 싶어 하는 인간의 욕망은 끝이 없다는 사실을 새삼 느끼게
된다.

　둥팡밍주는 '아시아의 진주'라는 뜻을 가진 상하이의 랜드마크로 세상
에서 가장 예쁜 텔레비전 송수신탑이라고 자랑하는데, 어떻게 보면 조금
은 유치한 로켓 모양처럼 생겨 사람들의 생각에 따라서는 외관에 대해 조
금 부정적인 평가를 내리기도 한다. 하지만 다른 빌딩들과는 달리 순수 중
국 자본으로 만들어져서 상하이 사람들의 둥팡밍주에 대한 자부심은 아
주 각별하다. 3개의 원형 모양의 전망대가 있는데, 90m, 263m, 350m에
위치한다. 그중 263m에 위치한 중간 전망대는 관광객들이 가장 많이 찾
는 곳으로 유리로 된 바닥이 있어 그 위에 서서 아래를 내려다보는 아찔
한 순간을 경험할 수 있다. 또한 황푸강을 바라보며 식사할 수 있는 이색
적인 회전 레스토랑이 있다. 가장 높은 전망대는 350m 지점인데 태공선
이라고 불리는 회전형 전망대가 있어 이곳 역시 색다른 뷰view를 감상하기
에 충분하다. 그런데 둥팡밍주 전망대의 가장 큰 아쉬움은 바로 하늘 위로
치솟은 둥팡밍주를 바라볼 수 없다는 것이라고 하니, 상하이 사람들의 마
음속에서 둥팡밍주를 바라보는 것이 얼마나 특별한 경험인지를 짐작하게
한다.

　진마오다사는 중국의 전통적인 탑 모양을 모티브로 만든 88층 420.5m
높이의 초고층 복합빌딩이다. 현재 상하이에서 세 번째로 높은 건물로
1~52층까지는 업무 공간, 53~87층까지는 호텔 그리고 마지막 88층은 전
망대로 이루어져 있다. 88층 전망대에서 황푸강을 중심으로 푸둥과 와이
탄을 내려다보는 것도 장관이지만 전망대 안에서 빌딩 중앙의 뚫린 원형
을 아래로 내려다보면 마치 블랙홀로 빠져드는 느낌이 들어 순간 아찔하
면서도 아주 특이한 경험을 만끽하게 해준다. 중국인들이 가장 좋아하는
숫자는 8인데, 8을 재물과 복을 가져다주는 행운의 숫자로 여긴다. 진마
오다사는 88층, 주소가 스지다다오世紀大道 88호, 전화번호 뒷자리 마지막

이 88, 전망대 입장료가 처음에는 88위안이었다고 하니 중국인들의 8에 대한 집착이 정말 대단할 따름이다.

빌딩의 외관만 보면 개인적으로 진마오다사가 가장 인상적이었다. 사각기둥이거나 원형기둥 형식의 천편일률적인 빌딩의 모습만을 보다가 진마오다사의 조금은 색다른 모습을 보면 그 아름다운 조형미에 감탄하지 않을 수 없다. 중국의 전통 탑 모양을 모티브로 만들었다고 하니 여느 고층 빌딩과는 다르게 건축도 예술이라는 생각이 절로 드는 것이다. 특히 진마오다사 전망대에서는 볼 수 없지만 바로 옆 상하이세계금융센터 전망대에서 내려다본 진마오다사의 꼭대기는 마치 하늘 위에 떠 있는 조각품 같다는 생각이 들 정도로 보는 이들에게 감각적인 아름다움을 선사하기에 충분하다.

상하이세계금융센터는 진마오다사 바로 옆에 세워진 101층 492m 높이로 중국에서 두 번째로 높은 건물이다. 2015년 완공된 상하이타워가 128층 632m라고 하니 얼마전까지 누렸던 중국 최고라는 명성은 잃어버렸지만, 세계의 마천루(기둥이나 탑 제외) 중 여섯 번째, 아시아에서 세번째로 높은 위용을 아래에서 올려다보는 것만으로도 탄성을 지르기에 충분하다(2015년 완공된 상하이타워 이전까지 세계에서 가장 높은 건물은 두바이에 있는 부르즈 칼리파Burj Khalifa로 829m이며, 두 번째가 사우디아라비아의 알베이트타워 Abraj Al Bait Towers로 601m이다).

상하이세계금융센터는 진

진마오다사. 왼쪽은 일명 병따개 빌딩으로 불리는 상하이세계금융센터이며 오른쪽은 2015년 말에 완공된 128층 규모의 상하이타워이다.

마오다사와 마찬가지로 업무 공간과 호텔 그리고 상업 공간으로 이루어져 있는데, 외관은 고대 중국인들의 하늘은 둥글고 땅은 네모라는 천원지방天圓地方의 원리를 이용해 정사각형의 기둥이 하늘을 상징하는 원을 관통하는 것으로 표현했다고 한다. 건물 상층부에 역사다리꼴 모양의 구멍이 뚫려 있어 사람들이 그 모양이 병따개 같다고 해서 병따개 빌딩이라고 부르기도 하는데, 일본인이 설계한 탓인지 처음에는 뚫린 모양이 일장기를 상징하는 원형이었다고 하니 참 가당찮다는 생각이 들었다. 건물 높이로는 세계에서 여섯 번째이지만 상하이타워가 완공되기 전까지만 해도 전망대만 놓고 보면 세계에서 가장 높은 곳으로 기네스북에 등재되어 있었다. 현재까지는 상하이세계금융센터 전망대에서 내려다보는 세상이 세계에서 가장 높은 곳에서 아래를 내려다보는 것이므로 그 자체로 감동이 밀려오지 않을 수 없었다. 특히 앞에서 말한 대로 진마오다사의 꼭대기와 저만치 아래에 있는 둥팡밍주를 동시에 내려다볼 수 있는, 상하이의 마천루를 한눈에 바라볼 수 있는 가장 뛰어난 전망대라고 할 수 있다.

누군가가 내게 상하이를 전망하기 위해 셋 중에 어떤 것을 선택할 것인가를 물어본다면, 나는 주저 없이 상하이세계금융센터 전망대를 추천하고 싶다. 물론 상하이세계금융센터 전망대도 지금은 바로 옆에서 끝없이 하늘로 치솟은 상하이타워의 새로운 명성에 그 이름이 언제 가려질지도 모르니, 이런 내 생각도 얼마 지나지 않아 또 바뀔지도 모를 일이다.

전 세계 초고층 빌딩을 순위로 매겼을 때 1위부터 10위까지 중 6개가 아시아에 있다고 하니 정말 놀랍다. 그중에서 4개가 중국에 있고 타이완을 포함하면 모두 5개라고 하니 중국의 높은 위상에 다시 한 번 놀라지 않을 수 없다. 상하이 푸둥의 마천루를 보고 나면 중국이 세계의 중심이라는 중화中華사상이 지금 다시 재현되는 듯한 착각에 빠지게 된다. 대국굴기大國崛起라고 했던가. 중국을 사회주의라는 이념의 그물 안에 가두어서 바라보는 시대는 이미 오래된 이야기가 되고 말았다. 자본주의적 사회주의, 즉

　사회주의를 포기하지 않은 상태에서 시장경제를 받아들이는 모순을 넘어서는 것은, 중국이 경제대국經濟大國으로서 세계에 우뚝 서는 길밖에 없다는 것을 상하이 마천루는 더욱 실감 나게 보여주고 있는 것이 아닐까. 1인당 국민소득이 8천 달러(2015년 기준) 정도밖에 안 되는 개발도상국이라고 중국의 정치지도자들은 늘 겸손을 떨지만, 그 안에 도사리고 있는 세계 최고의 꿈, 즉 중궈멍中國夢을 결코 단순한 수사로 생각해서는 안 될 것이다.

　지금도 중국은 끝없이 하늘로 치솟아 올라가고 있다. 아무리 정치지도자들이 중국은 아직 멀었다고 스스로를 낮추어도 세계는 이미 중국을 미국과 동등한 G2로 인정하고 있다는 사실을 절대 간과해서는 안 된다. 아마도 중국은 머지않아 자신들의 힘으로 실질적인 G1으로 우뚝 설 때까지 중궈멍을 잊어버리거나 저버리는 법은 결코 없을 것임이 틀림없다.

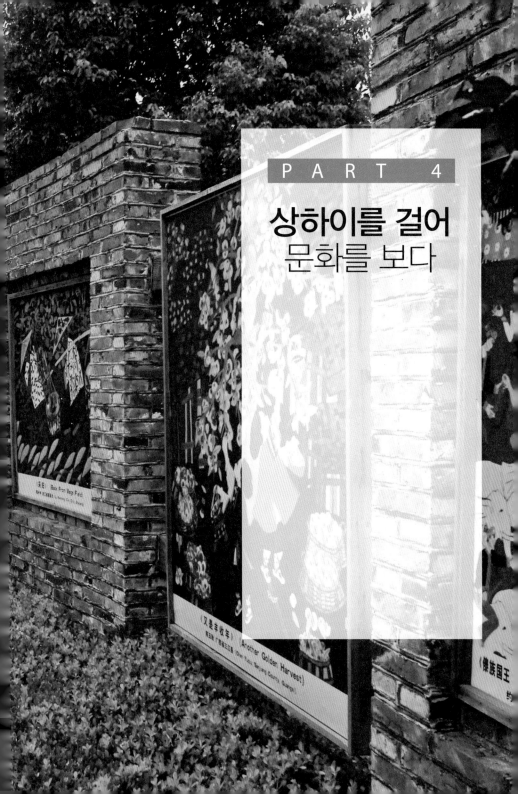

PART 4

상하이를 걸어
문화를 보다

상하이를 걸어 상해를 보다:
화이하이루

●

　　'화이하이루淮海路'는 옛 프랑스 조계 지역으로 유럽 스타일의 건축물과 상하이 전통 건축물인 스쿠먼石庫門 양식이 공존하는 이색적인 곳이다. 1호선 황피난루역黃陂南路站에서 2번 출구로 올라와 조금 걸어가니 가장 먼저 '신천지新天地'가 나왔다. 2001년 홍콩 기업인의 투자로 개발되어 탄생한 신천지는 상하이의 전통을 보존하면서도 고급스러운 유럽식 카페 거리가 있는 아주 이색적인 곳이다.

신천지. 스쿠먼 양식의 건물들마다
카페, 음식점 등이 들어서 있다.

중국 공산당 제1차 대회가 있었던 장소

더욱 아이러니한 것은 이름 그대로 중국 안의 '신천지'와 같은 가장 현대적인 이곳에 중국 공산당의 시작을 알렸던 성지와 같은 장소가 있다는 사실이다. 그곳은 바로 '중궁이다후이즈中共一大會址, 중공일대회지'인데, 내가 신천지에서 가장 먼저 가보고 싶었던 곳이었다. 이곳은 1921년 7월 23일 중국 공산당 대표 13명이 모여 제1차 중국 공산당 대회를 열었던 장소이다. 당시 13명 가운데 한 사람이었던 상하이 대표 이한준李漢俊의 형 이서성李書城의 집이었다고 한다. 전시관을 둘러보니 1949년 중국 전역을 통일하고 마오쩌둥毛澤東을 중심으로 중화인민공화국을 건립

하기까지 중국 공산당의 역사를 한눈에 볼 수 있었다. 내부 사진을 찍지 못하게 해서 마오쩌둥이 서서 공산당 대회를 주도했던 당시 13인의 회의 모습을 담지 못해 아쉬움이 남았다.

다음으로 '중궁이다후이즈' 바로 옆에 있는 '스쿠먼우리샹石庫門屋裏廂'으로 갔다. '우리샹屋裏廂'의 의미는 상하이 방언으로 '집'이라는 뜻이다. 전통적으로 상하이 사람들은 이런 '우리샹'에서 태어나고 자라면서 생활했다. '스쿠먼' 건축은 19세기 중엽 이후 상하이의 대표적인 건축양식으로 문틀을 돌로 만들어서 그렇게 이름을 불렀다고 한다. 그 내부를 들여다보니 중국의 전통양식과 서양의 양식이 결합된 상하이 나름의 독특한 구조였다. 아무래도 상하이는 일찍부터 서양 문화가 들어온 국제적인 도시였으므로, 중국 전통 건축양식과는 다른 서구적 양식의 이식移植으로 새로운 건축 문화를 형성했던 것으로 보인다. 내부 전시관에는 2001년 신천지의 탄생 과정을 사진 자료를 통해 잘 보여주었는데, 전시 내용을 따라가다보면 상하이 건축 문화의 어제와 오늘을 역사적으로 이해할 수 있다.

상하이 건축양식 스쿠먼의 내부 모습

대한민국임시정부 외부, 내부 모습

거리마다 유럽식 카페로 아름답게 펼쳐진 신천지를 빠져 나와 '상하이대한민국임시정부'로 향했다. 좀 전에 봤던 휘황찬란한 건물들과는 달리 입구에서부터 왜 그렇게 초라한지, 어쩌면 대한민국 역사의 시작은 이곳으로부터 시작되었다고 해도 과언이 아닌데, 그 역사적 장소를 이렇게밖에 지켜내지 못하는 것이 못내 안타까울 따름이었다. 대한민국임시정부가 우리나라가 아닌 중국 상하이에 있다는 사실만으로도 다시 한 번 민족의 아픔이 느껴졌다.

1919년 4월 13일 상하이에 수립된 대한민국임시정부는 3·1 운동 이후 일어난 국내외 8개 임시정부 중의 하나였지만, 9월 6일 각 임시정부를 통합하고 상하이를 그 중심부로 결정함에 따라 명실공히 대한민국을 대표하는 정부로서의 역할을 했다. 1932년 윤봉길 의사의 훙커우虹口공원(지금의 루쉰공원) 의거로 일제의 핍박을 피해 어쩔 수 없이 항저우杭州로 옮기기까지, 이곳에서 대한민국의 독립을 위한 목숨을 건 투쟁을 하지 않았다면 지금의 대한민국은 존재하지도 않았을 것임에 틀림없다. 이처럼 이곳은 우리나라 근현대사에 있어서 무엇보다도 중요한 장소임에도 불구하고 중국 내에 있다는 이유로 이런 초라한 모습으로 남아 있어야 한다는 사실 앞에서 우리는 과연 무슨 말을 더 할 수 있을까. 심지어 수년 전 중국 정부에서는 신천지 일대를 현대화하는 계획을 세우면서 한때 이곳을 철거할 계획도 세웠었다고 하니 정말 참담하지 않을 수 없다. 앞으로 국가적인 차원에서 해외에 남아 있는 우리 역사의 의미 있는 장소를 지키고 보존하는 일에 최선을 다하지 않는다면, 대한민국의 역사는 근본을 잃어버린 채 흔들리는 역사가 될 수도 있음을 분명히 깨달아야 할 것이다.

임시정부 청사를 둘러보고 다음으로 간 곳은, 중국의 마지막 봉건 왕조인 청나라가 망하고 그 자리에 중국 근대 국가의 기틀을 세운 쑨원의 옛집孫中山故居이다. 이곳은 쑨원 선생이 1918년부터 1925년 서거하기까지 부인 쑹칭링宋慶齡과 함께 살았던 집이다. 당시 혁명에 매진했던 쑨원 선생은 변변한 집도 한 채 없어서 캐나다의 뜻있는 화교들이 이 집을 사서 선생에게 기증했다고 한다. 쑨원 선생 서거 후 부인 쑹칭링이 인근에 있는 지금의 '쑹칭링 옛집'으로 옮기기까지 여기에서 살았고, 1949년 중화인민공화국 수립 이후 공산당 정부에 의해서 전국중점문물보호단위로 지정되었다. 3월 12일은 쑨원 선생의 서거일로 해마다 이때가 되면 전국에서 수많은 참배객이 이곳을 찾아온다고 한다.

이곳 근처에는 마오쩌둥과 함께 중국 공산당 수립에 절대적인 공로자,

쑨원이 상하이에 머물를 때 살았던 집

중국의 영원한 총리 저우언라이 공관

중국의 영원한 총리 저우언라이周恩來의 공관도 있다. 정원이 딸린 3층짜리 별장 형식의 건물로 1946년 6월부터 10월까지 중국 공산당 상하이 대표부로 사용했다. 저우언라이가 상하이를 방문할 때 이곳에 머무르며 기자간담회를 열었던 곳이라 하여 '주공관周公館'이라고 불렸다. 이곳을 둘러본 다음 오늘의 마지막 일정으로 쑨원의 부인이자 해방 이후 중화인민공화국 부주석까지 지낸 중국의 대표적인 여성 정치지도자 쑹칭링의 옛집을 찾아가려 했지만 이미 개방 시간(상하이 대부분의 관광지나 유적지, 박물관 등은 오후 4시에 문을 닫는다)을 넘겨버려 다음을 기약할 수밖에 없었다.

상하이 여행의 첫 일정으로 '화이하이루'를 선택한 것은 정말 잘한 결정이었다. 상하이의 역사와 문화를 이해한다는 것은 아마도 중국 근대사의 출발을 이해하는 것과 같은 의미를 지닌다. 내가 둘러본 곳들은 바로 그러한 중국 근대사의 중요한 장소들이라는 점에서 상하이의 역사와 문화를 찾아 나서려는 나의 계획은 첫 단추를 잘 끼운 셈이었다.

쑹칭링 옛집으로 가는 대신 요즘 상하이에서 가장 이름난 명소로 떠오르고 있다는 타이캉루 텐쯔팡泰康路 田子坊으로 갔다. 이곳은 스쿠먼 스타일의 옛 골목길로 갤러리, 스튜디오, 아트숍, 카페, 음식점 등 갖가지 이색적인 가게들이 모여 있는 곳이다. 원래 50년대까지 상하이식품공업기계창 등 공장들이 들어서 있었는데, 90년대에 들어 공장이 하나둘씩 폐쇄됨에 따라 2000년부터 상하이 정부에서 창의와 예술이 살아 숨 쉬는 상하이의 소호小壺로 새롭게 조성한 곳이다. 세계의 예술인들이 상하이로 오면 꼭 이곳을 찾는다 하니 머지않아 상하이에서 가장 주목받는 예술의 중심지가 되지 않을까 싶다. 특히 신천지가 전통을 상당 부분 허물고 그 자리에 새로운 세계를 만든 것이라면 타이캉루 텐쯔팡은 기존 공간을 그대로 활용해 이곳에 어울리는 새로운 장소로 거듭나게 했다는 점에서 상하이의 예술과 문화를 들여다보는 데 더욱 이상적인 곳이 될 것이다.

상하이의 떠오르는 명소, 타이캉루 톈쯔팡

영화의 도시,
상하이

●

　　　　　최근 들어 아시아 영화가 세계적으로 주목받고 있
다. 아시아 최고의 영화제로 발돋움한 부산국제영화제의 괄목할 만한 성
공에 힘입어 상하이, 도쿄, 홍콩, 인도 등 아시아에서 제작되는 영화의 작
품성과 인지도가 세계 영화인들 사이에서 점점 더 높아지고 있는 것이다.

특히 상하이는 오래전부터 영화의 도시라고 해도 과언이 아닐 만큼 영화 부문에서 크게 발전된 모습을 보여주었다. 뤼미에르 형제가 프랑스 파리에서 처음으로 영화를 상연한 것이 1895년인데, 상하이는 이듬해 1896년에 영화를 상영했고 1905년에 이미 최초의 영화를 만들었다고 한다. 또한 1930년대에는 중국 자본으로 만든 40여 개의 영화관에서 하루 평균 100만 명의 관객이 영화를 보았으며, 1928~1931년 사이에는 무려 400여 편의 영화를 만들었다고 하니 상하이를 일컬어 영화의 도시라고 해도 전혀 틀린 말이 아닌 것이다. 당시 최고 대우를 받던 백화점 남자 직원의 월급이 50위안 정도였는데, 당대를 주름잡았던 전설적인 여배우 롼링위阮玲玉의 연 수입이 1만 위안에 달했다고 하니 그 위상을 짐작하고도 남는다.

영화 소품으로 사용된 상하이의 근대 자동차를 한곳에 전시해두고 있다.

사실상 중국 근대의 역사가 상하이로부터 비롯된 것처럼 상하이 영화는 이러한 근대의 모습을 보여주는 가장 대표적인 도구로서의 역할을 했다고 할 수 있다. 아편전쟁의 결과로 난징조약을 맺으면서 개항한 상하이는 영국, 프랑스, 미국, 일본 등의 조계라는 굴욕의 역사를 경험하면서 서구적 근대의 광명과 제국주의적 근대의 암흑이 공존하는 이중성에 노출된 모순의 도시였다. 서양인들의 의식에 점령된 조계라는 공간적 한계 속에서 끊임없이 욕망이 발산되는 환락장의 요부와 같은 형상이 근대 상하이의 양면적 모습이었던 것이다. 어쩌면 상하이가 영화의 도시로 성장할 수 있었던 것은 영화 기술이라는 서양의 문명이 가장 빨리 들어올 수 있었던 측면과, 인간의 욕망과 정치적 알레고리를 가장 설득력 있게 표현할 수 있는 장르가 바로 영화라는 측면이 복합적으로 작용한 결과가 아니었을까 짐작해본다. 즉, 근대 상하이를 상하이답게 보여주는 가장 유효한 장르가 영화였던 셈이다.

상하이의 영화 역사를 일목요연하게 볼 수 있는 곳으로 상하이영상테마파크上海影視樂園와 상하이영화박물관上海電影博物館이 있다. 먼저 상하이영상테마파크는 상하이 외곽 쑹장松江에 있는데, 지하철 9호선 종점인 쑹장난역松江南站에 내려 택시로 15분 거리에 있다. 상하이 남쪽에서 간다면 지하철 5호선 종점인 민항카이파취역閔行開發區站에서 내려 택시를 타고 역시 15분 정도 거리에 위치하고 있다. 상하이영상테마파크는 우리나라의 합천영상테마파크와 비슷하게 1920~30년대 상하이의 난징루南京路 등을 재현해놓아서 그 시대를 배경으로 한 영화나 드라마의 세트장으로 활용되고 있었다. 당시 주요 백화점, 영화관, 식당, 자동차, 배, 전차, 거리 등을 재현한 세트는 영화 도시 상하이의 명성을 유지하기에 충분했다. 그동안 상하이를 배경으로 한 한국 영화나 드라마도 이곳에서 촬영한 작품이 아주 많다고 한다.

마치 그 시대에 들어온 듯한 착각으로 이곳저곳을 걸어 다니며 사진을 찍고 있는데 '취사구역', '흡연구역' 등의 한국어가 적힌 안내판과 한국어로 말하는 사람들이 여기저기에서 보였다. 낯선 외국에서 한국어를 듣게 되다니, 들뜬 마음으로 한창 영화 촬영에 대한 얘기를 나누고 있는 스태프에게 슬쩍 다가가 "지금 한국 영화 촬영하고 있어요?"라고 물었다. "그렇다"는 대답을 들은 후 이곳에서 한국 영화 촬영 현장을 본 것에 '이런 행운이 또 어디 있을까' 싶어 촌스러운 질문을 한 가지 더했다. "제목이 뭐고 주연 배우는 누구에요?"라고 묻자 〈암살〉이란 영화이고 이정재가 주연이라고 했다. 촬영 준비로 분주해 보여 더 물어볼 엄두는 내지 못했지만 '꽤 중량감 있는 한국 영화구나'라고 생각했다. 돌아와 인터넷으로 정보를 검색해보니 〈타짜〉, 〈전우치〉, 〈도둑들〉을 연출한 최동훈 감독의 작품으로 이정재, 하정우, 전지현이 주연이라고 소개되어 있었다.

〈암살〉은 식민지 상하이를 배경으로 대한민국임시정부의 주석 김구와 약산 김원봉의 협력하에 계획된 친일파와 일제 권력자 암살 작전을 다루고 있다. 친일파 암살 작전을 둘러싼 이들의 예측할 수 없는 운명 앞에서, 식민지 시대 상하이를 중심으로 펼쳐진 한국 독립운동의 분열과 갈등 그리고 친일 문제를 어떻게 바라보고 이해할 것인가를 깊이 생각하게 하는 영화로, 2015년 한국에서 개봉되어 큰 환대와 흥행을 불러일으켰다.

상하이영화박물관은 상하이 지하철 1호선 상하이티위관역上海體育館站과 쉬자후이역徐家匯站 중간에 위치하고 있다. 박물관이라는 이름에 걸맞게 상하이 영화의 역사를 한눈에 볼 수 있도록 잘 전시되어 있는데, 1층부터 4

상하이영화박물관 입구 　　　　　　　　　상하이의 영화인들을 사진으로 전시한 중심에 '김염'이 있다.

층까지 주제별로 꾸며져 있다. 1층 매표소에서 관람권을 구입하면 엘리베이터를 타고 우선 4층으로 올라간다. 엘리베이터 문이 열리면 레드 카펫 모양의 불빛이 관람객들의 입장을 환영한다. 그리고 4개의 벽면 가득 상하이 영화의 주요 인물들의 사진이 시선을 압도한다. 한국에 잘 알려진 영화배우들을 찾아보니 성룡, 공리 등의 배우가 먼저 눈에 띄었다. 그리고 식민지 조선인으로서 상하이 영화계를 주름잡았던 김염金焰의 사진도 있어 가슴이 뭉클했다.

　김염은 일제 강점기 때 독립운동을 하던 아버지를 따라 중국 통화通化로 건너왔다가 아버지가 돌아가신 후 톈진天津, 상하이 등에서 학업을 이어나갔고, 1927년 상하이의 한 영화 제작소에서 견습생으로 있다가 당시 유명한 극작가 톈한田漢을 알게 되어 이듬해 1928년 그가 주재하는 남국예술극사南國藝術劇社에 들어가 〈카문卡門〉, 〈회춘의 곡〉 등의 연극에서 중요 배역을 맡았다. 그리고 그는 1929년 밍싱明星 영화 제작소에서 기록원으로 영화 촬영을 돕다가 미국에서 막 돌아온 영화감독 쑨위孫瑜의 눈에 들어 영화 〈풍류검객風流劍客〉에서 첫 배역을 맡게 되었다. 그리고 1930년 롄화聯華

124

중국 영화 포스터

영화사 소속으로 〈야초한화野草閑花〉의 주연을 맡으면서 관객들의 관심을 받기 시작했고, 이후 여러 편의 영화에 주연을 맡으면서 당시 영화 제왕帝王의 칭호를 받는 등 청년들의 우상이 되었다. 상하이영화박물관에서 중국 영화 역사를 소개하는 중심에 그의 사진이 크게 전시되어 있다는 것만으로도 자랑스러웠다. 그의 소개란에 '조선인'이라는 세 글자가 더욱 또렷하게 내 눈에 들어왔다.

3층은 중국 영화의 역사를 시대별로 한눈에 볼 수 있도록 전시되어 있다. 중화인민공화국 설립 이후 사회주의 정책을 구현하는 선전 영화의 포스터에서부터 자본주의 물결의 도입 이후 스크린에 등장하는 여성의 변화된 모습을 함께 볼 수 있어서 '자본주의적 사회주의'라고도 불리는 상하이의 두 얼굴을 동시에 체험할 수 있다. 그리고 실제 영화 제작에 필요한 카메라, 필름, 음향기기 등과 벽면 가득 채워져 있는 수많은 영화 필름통을 보관하고 있어서, 그것만으로도 상하이 영화 역사의 장구한 세월을 느낄 수 있다. 2층으로 내려가면 영화 제작에 필요한 기술들을 간단히 체험해볼 수 있는 코너들이 마련되어 있다. 특히 상하이애니메이션제작소가 있어서 유리로 개방되어 있는 실제 제작 현장의 실무 모습을 멀리서나마 지켜볼 수 있었다. 또한 영화 촬영 스튜디오도 곳곳에 있는데, 외부인에게는 개방하지 않아 그 안을 직접 볼 수 없어 아쉬웠다.

다시 1층으로 내려오면 티켓 안내 데스크 안쪽으로 벽면 가득 수많은 트로피로 채워진 전시 공간이 관람객을 압도한다. 반대편으로는 마오쩌둥, 덩샤오핑鄧小平, 장쩌민江澤民, 후진타오胡錦濤, 시진핑習近平 등 중국의 역대 주석들이 영화에 대해 관심을 기울인 기념사진들을 전시해놓았다. 그 안쪽으로는 밀랍인형으로 세트장을 만들어서 실제 영화 촬영 현장에 대한

밀랍인형으로 만든 중국 영화 제작 장면

관람객들의 이해를 도와주는 곳이 있고, 한쪽 벽면으로는 유명 영화인의 캐리커처와 수많은 영화인의 작은 사진 하나하나를 모자이크 해놓은, 그래서 멀리서 보면 한 여자아이가 한껏 웃고 있는 모습처럼 보이는 대형 장식물이 걸려 있다.

상하이영화박물관을 나오면서 또 한 번 중국의 숨은 저력에 압도되지 않을 수 없었다. 역사를 보존하고 기억할 줄 아는 중국의 모습에서 새삼 중국의 주석 시진핑이 강조하는 중국의 꿈이 무엇인지 다시 한 번 실감할 수 있었다.

《색, 계》의 작가,
장아이링 고택에 가다

상하이의 중심 런민광창人民廣場에 갔다. 지하철 1호
선 런민광창역을 기준으로 동쪽으로 가면 난징둥루南京東路를 따라 와이탄
外灘이 나오고, 서쪽으로 가면 난징시루南京西路를 따라 옛 프랑스 조계 지역
이었던 화이하이루 방향이 된다. 그리고 난징둥루와 난징시루를 가로질
러 남쪽으로 가면 위위안이 나온다. 이처럼 런민광창은 상하이의 중심으
로 교통과 문화 등 모든 면에서 사통팔달이 되는 핵심 장소이다.

런민광창을 사이에 두고 상하이박물관과 시청이 있다. 상하이박물관은

런민광창에 있는 상하이박물관. 휴일이면 관람객으로 발 디딜 틈이 없다. 지붕이 솥뚜껑 모양으로 이색적이다.

상하이 마시청 서커스와 더불어 상하이가 자랑하는 명소 가운데 하나이다. 약 100만 점의 유물이 있고 그 가운데 12만 점이 우리나라로 치면 보물급에 해당한다고 하니 거대한 중국 역사의 축소판이라고 해도 과언이 아니다. 중국고대청동관, 중국고대조소관, 중국고대도자관, 중국역대회화관, 중국역대서예관, 중국역대인장관, 중국명청가구관, 중국소수민족공예관, 중국역대화폐관 등 1층부터 4층까지 그 동선을 따라 전시관을 관람하는 디스플레이가 잘 되어 있고, 무엇보다도 내부 사진을 찍을 수 있게 해서 관람객의 입장에서 상당히 매력적인 곳이다. 게다가 이 많은 유물을 보는데 입장료도 무료이니 외국인들에게는 중국 역사를 한눈에 볼 수 있는 상하이박물관에 절로 감탄사가 나올 수밖에 없다.

런민광창을 한 바퀴 돌아 반대편에 있는 상하이도시계획전시관으로 갔다. 이곳은 말 그대로 상하이라는 도시의 형성과 성장, 미래 발전 방향까지 상하이의 과거, 현재, 미래를 한눈에 조감할 수 있는 곳이다. 5층 건물로 상하이의 도시 역사를 일목요연하게 정리해두었는데, 특히 3층에 있는 상하이 전체 모형관이 정말 인상적이었다. 상하이 전체 면적이 서울의 10배 정도인데 그 넓은 도시를 앞으로 어떻게 만들어갈 것인지에 대한 전체적인 계획을 모형으로 만들어두었다니, 그 자체로 대단했다. 5층에 올라가 카페에 앉아서 커피를 한 잔 마시면서 바라보는 런민광창의 풍경도 의외의 수확이었다. 어딜 가나 시청이 있는 곳에는 광장이 있기 마련이지만 이곳은 좀 남달랐다. 다른 곳은 대부분 시청이 중심이고 광장이 그 부속물이라면, 이곳은 런민광창을 중심으로 박물관과 시청이 나란

상하이 도시 모형

히 마주보고 있어 시민을 중심으로 계획된 도시 설계의 관점이 무엇보다
도 돋보였다.

　난징시루를 따라 장아이링張愛玲, 1920~1995을 만나러 갔다. 난징시루는 옛
프랑스 조계 지역으로 영국풍의 난징둥루와는 달리 프랑스풍의 거리이
다. 난징둥루처럼 화려하지는 않지만 거리마다 카페와 백화점이 즐비해
있어서 야외 테이블에 앉아 커피를 마시는 외국인들의 모습을 쉽게 볼 수
있다. 국제도시 상하이의 진면목을 볼 수 있는 아주 인상적인 곳이다.

　런민광창역에서부터 난징시루역을 지나 징안쓰역靜安寺站까지 두 구간

을 걸었다. 길을 따라 옛 조계지 시대의 건물이 여기저기 남아 있고, 걷다 보면 중간 즈음에 상하이의 대표적인 러시아 양식 건축물인 '상하이전람 센터Shanghai Exibition Center'가 있다. 징안쓰역 방향으로 조금 더 내려가니 '창더루常德路'가 나오고 그 사거리에 '창더궁위常德公寓'라고 적힌 아파트가 있는데, 이곳이 바로《색, 계色, 戒》의 작가 장아이링이 살았던 옛집이다. 아파트라서 정확히 어디에서 살았는지는 알 수 없지만, 입구 벽에 이곳에 장아이링이 살았음을 소개하는 표지가 있었고 1층에는 북카페를 만들어놓았

는데, 장아이링의 흔적이라도 기억하려는 중국인들의 숨은 노력을 그대로 엿볼 수 있었다.

장아이링은 중국인들이 가장 사랑하는 작가 가운데 한 사람으로, 중국 현대소설사에서 루쉰魯迅, 마오둔茅盾, 라오서老舍, 바진巴金, 선충원沈從文 등과 더불어 가장 우수하고 중요한 작가로 평가된다. 우리나라에는 이안李安 감독의 영화〈색, 계〉가 상영되면서 그 원작자로 더욱 유명해졌다. 그녀가 상하이에 머무를 때 쓴《전기傳奇》는 스스로가 상하이 사람들을 위해 창작했다고 말할 정도로, 전통과 현재가 공존했던 1930~40년대 상하이의 도시 풍경을 잘 담아냈다. 낡은 것과 새로운 것의 혼재는 지금까지도 중국 최고의 국제도시 상하이의 이중성을 가장 잘 드러내는 특징이다. 장아이링이 살았던 아파트는 지금은 낡고 오래된 건물이지만, 상하이 중심에 자리 잡은 데다 당시로서는 엘리베이터가 있는 세련된 외관의 건물이었을 것으로 짐작된다. 장아이링의 소설이 중국 전통 서사와 서구 모더니즘의 양면적이고 이중적인 특징을 지닌 이유도 바로 이러한 일상적 생활공간의 경험에서 비롯된 것이 아닐까.

이제 겨우 100년 남짓의 짧은 역사에도 불구하고 상하이는 도시 그 자체가 역사와 문화를 고스란히 안고 있다. 식민지 근대의 풍경을 온전히 보여주고 있을 뿐만 아니라 세계에서 가장 앞서가는 현대적 감각까지 공존하는 아주 독특한 도시가 바로 상하이다. 왜 상하이를 아시아 최고의 도시라고 하는지 그리고 상하이 사람들이 자신을 가리켜 중국 사람이 아니고 상하이 사람이라고 하는지 그 자부심이 조금은 질투가 나지 않을 수 없었다.

1 장아이링이 살았던 아파트. 이곳에서《전기》를 창작했다.
2 아파트 입구에 있는 장아이링을 기념하는 북카페

치파오를 입은
상하이

●

1920~30년대 상하이를 배경으로 한 영화에서 치
파오旗袍를 입은 여주인공의 모습은 그 자체로 영화를 아름답게 만든다.
〈화양연화花樣年華〉의 장만위張曼玉, 〈색, 계〉의 탕웨이湯唯가 입었던 치파오
는 그야말로 압권이었다. 상하이 영화에 다른 소품은 없어도 치파오만 있
으면 상하이다울 수 있다고 말한다면 지나친 과장일까? 때로는 화려하고
때로는 슬픈 아름다움을 발산하는 치파오. 아마도 치파오를 입은 상하이
를 보아야만 진정 상하이를 보았다고 말할 수 있지 않을까 싶기도 하다.

그런데 상하이에서 치파오를 입은 여성을 만나는 일은 좀처럼 드물다.
상하이에서 지내는 동안 나도 서너 번 본 게 전부이다. 아무래도 지금의
치파오는 일상복이 아니고 격식을 차려야 하는 특별한 자리에서나 입는
옷이 되어서 평소에는 쉽게 볼 수 없는 듯하다. 그래서인지 내가 치파오
입은 여성을 본 것도 쉬자후이 성당과 둬룬루多倫路, 루쉰공원 등 상하이에
서 이름 있는 장소에서 결혼식 웨딩촬영을 하는 예비신부들의 모습에서
였다. 신부라서 그냥 봐도 아름다운데, 치파오를 입은 예비신부의 모습은

옛날 중국 영화의 한 장면을 보는 것 같은 아련한 느낌마저 들게 했다.

치파오는 차이니즈 드레스Chines Dress라고 불릴 만큼 중국 여성들의 대표적인 옷이다. 특히 1930년대 전후 상하이는 여성 패션의 가장 찬란했던 시기였는데 개항 이후 외국으로부터 좋은 옷감 등이 들어오고 상하이의 백화점에서 패션쇼와 전시회 등을 자주 열면서 중국 여성 패션의 중심이 상하이가 되었다고 한다. 이와 같은 패션을 주도한 사람들은 대개 상하이 상류 사회의 명문가 여성들이었는데, 이들의 사치와 소비는 여성의 성을 극대화하는 방향으로 나아갔다. 따라서 당시 여성들은 자신의 아름다움을 더욱 강렬하게 표현하기를 갈망했고, 그러기 위해서 자신의 몸에 꽉 맞는 치파오를 선호하게 된 것이다. 지금 중국 여성들의 패션하면 가장 먼저 떠오르는 치파오는 사실 그 당시에 입었던 치파오를 가리키는 것이다.

상하이 시내 백화점이나 난징루의 쇼핑 거리 그리고 카페와 예술의 거리로 유명한 타이캉루 톈쯔팡 등에 가면 치파오를 파는 전문점들이 아주 많다. 여성의 옷에 문외한인 나는 가격이나 상품의 질 등에 대해서는 거의 모르지만, 상하이 사람들의 말을 들어보면 이런 전문매장에서 판매하는 치파오는 고급 실크를 사용해서 가격이 엄청 비싸다고 한다. 그리고 사실 비싼 가격 때문에 일반 서민들은 입기 어려운 옷이라고 한다. 특히 중국의 로컬 의류브랜드인 '상하이탕Shanghaitang'에서는 현대적인 감각으로 디자인한 고급 치파오를 판매하고 있다. 그 외 여기저기 관광지 주변에도 치파

오를 파는 가게가 많이 있는데 아마도 여기에서 파는 치파오는 옷감 등과 같은 재료의 질을 조금 낮추어 서민들이 입을 수 있을 정도의 가격으로 보편화시킨 경우가 아닐까 짐작된다.

상하이 여성들은 대체로 키가 큰 편이고 몸매도 날씬해서 치파오의 극단적인 곡선미를 가장 잘 살리는 체형을 지니고 있다. 치파오의 곡선은 우리나라 한복의 곡선처럼 옷이 만드는 곡선으로 여성의 몸을 가려주는 것이 아니라, 그것을 입은 여성의 몸을 그대로 옷으로 표현하는 곡선이라는 점에서 상당히 도발적인 측면이 있다. 이 때문에 치파오를 입은 여성들은 온몸을 압박하는 옷의 불편함으로 겉으로 드러난 섹시함과는 달리 자신의 욕망을 억압당하는, 말 그대로 색色과 계戒의 이중성을 경험하게 된다. 게다가 원래 치파오는 온몸 전체를 감싸는 것이었는데 지금은 옆트임을 주어 조금은 불편함을 보완한 데서 치파오와 여성 몸의 곡선에서 오는 아름다움이 한층 더 자극적인 느낌을 불러오게 되었다고 한다. 이처럼 치파오는 중국 여성이 입어야만 가장 아름답다. 장만위나 탕웨이가 입은 치파오라야 아름답지 서양의 유명 배우가 입는다고 해서 치파오 본래의 매력을 발산하지는 못한다. 특히 치파오를 입으면 인체의 중간인 허리와 엉덩이의 곡선이 두드러지는데, 허리가 길고 키가 크고 날씬한 중국 여성, 특히 상하이 여성들이 이러한 치파오의 아름다움을 더욱 돋보이게 한다는 것이다. 그만큼 치파오는 중국 여성의 몸에 가장 잘 어울리는 이상적인 옷이다.

여성들의 불편함을 모른 체하고 본다면 치파오를 입은 여성이 다른 옷을 입은 여성보다 더 아름답게 느껴지는 것이 사실이다. 물론 이러한 아름다움은 여성의 내면에서 우러나오는 아름다움을 유보한 상태에서 바라본 표층적인 것이므로 절대적인 평가일 수는 없다. 하지만 진정으로 치파오의 아름다움을 느낄 줄 아는 사람은 옷의 외형에서 발산하는 아름다움과 그 속에 담긴 어떤 정신의 조화를 볼 줄 아는 사람이다. 영화의 이미지 때

문인지는 모르지만 치파오를 입은 여성들에게는 1930년 전후 상하이가 지닌 근대적 모순이 느껴진다. 그들에게 남겨진 상처와 아픔이 치파오가 발산하는 욕망과 겹쳐져 독특한 분위기를 자아내는 것이다.

치파오를 입은 여성을 진정으로 바라보는 시선은 화려한 옷 자체나 육감적인 여성의 몸매에 있는 것이 아니라 중국의 역사를 바라보는 데 있다. 결국 치파오를 입은 상하이는 근대 상하이의 역사와 온전히 겹쳐진다. 더 이상 난징루에서 치파오를 입은 여성의 모습을 보기 힘든 것처럼 올드 상하이의 역사는 점점 그렇게 역사의 뒤안길 속으로 사라져가고 있는 것이다.

루쉰과 함께
윤봉길을 만나다

루쉰공원과 공원 안에 있는 윤봉길의사기념관을 보기 위해서 홍커우로 갔다. 학교 셔틀버스를 타고 나가서 이산루역宜山路站에서 3호선을 타고 둥바오싱루역東寶興路站에서 내렸다. 루쉰공원으로 가기 전에 근대 상하이의 대표적 문화 예술인 거리였다고 하는 둬룬루로 갔다.

둬룬루 입구

홍더탕

뒤룬루는 20세기 초 영국의 선교사인 Darroch의 이름을 따서 'Darroch Road'라고 불리는 곳으로 상하이 전통 건축양식과 서양식 건축양식이 조화롭게 공존하는 아주 예쁜 거리였다. 그래서인지 곳곳에 예비부부들의 야외 웨딩촬영 모습을 볼 수 있었는데, 중국 전통 의상인 치파오를 입고 따뜻한 봄 햇살을 맞으며 사진을 찍는 모습이 정말 아름다워 보였다. 2003년 문을 열어 상하이 현대미술을 주도하고 있다는 뒤룬루현대미술관, 1928년에 지은 전통 건축양식의 교회인 홍더탕鴻德堂이 뒤룬루로 들어서는 입구에 있었다. 좀 더 안으로 들어가보니 이곳 역시 곳곳에 루쉰魯迅의 흔적이 있었는데, 1920~30년대 중국 문학가들이 이곳에 많이 거주했기 때문이다. 징원리景雲裏라고 적혀 있는 골목 안으로 들어가니 입구에서

1, 2 루쉰공원
3 루쉰기념관 입구

부터 문인들의 발자국이 땅에 새겨져 있었는데, 당시 루쉰을 비롯해 마오둔, 천왕다오陳望道, 저우젠런周建仁 등 중국을 대표하는 많은 문학인이 함께 지냈던 곳이었음을 알 수 있었다.

뒤룬루를 빠져나와 루쉰공원으로 갔다. 원래 이 공원은 1896년 영국인의 사격장으로 사용되던 곳이었는데, 1922년에 홍커우공원으로 그 이름을 바꾸었다. 루쉰 선생이 이 근처에 살면서 공원에서 산책하는 것을 즐겼기 때문에 1956년 루쉰 탄생 75주년을 맞이하여 만국공묘에 있던 루쉰의 묘墓를 이곳으로 이장하고 루쉰기념관과 동상을 세우면서 공원 이름을 루쉰공원으로 바꾸었다.

루쉰공원 안의 루쉰기념관 쪽으로 발걸음을 옮겼다. 루쉰기념관 안에는 루쉰의 친필 원고, 사진, 유물 등 20여 만 건의 자료가 있어서 루쉰을 좋아하고 공부하는 사람들은 반드시 들러보아야 할 곳이다. 잘 알다시피 루쉰은 중국 근현대 문학의 사상적 집대성이라고 해도 과언이 아닐 정도로 중국 문학의 아버지이면서 동시에 근대 중국의 대표적인 지식인이었다. 그의 소설은 봉건적 폐습에 갇혀 있던 중국 민중들의 의식을 새롭게 일깨움으로써 문명을 통한 계몽 정신으로 나아갔다. 주위 사람이 자기를 잡아먹으려고 한다는 강박관념을 지닌 피해망상광被害妄想狂의 일기 형식을 빌려 중국의 낡은 사회, 그중에서도 가족제도와 그것을 지탱하는 유교 도덕의 위선과 비인간성을 고발한《광인일기狂人日記》가 대표작이다. 또한 신해혁명辛亥革命을 전후한 농촌을 배경으로 자신의 이름도 정확히 모르는 최하층의 날품팔이 농민인 '아Q', 혁명당원을 자처했지만 도둑 누명을 쓰고 총살되어 죽고 마는 아Q의 운명을 통해 신해혁명의 쓰디쓴 좌절을 보여준《아큐정전阿Q正傳》 등에는 근대 중국을 비판적으로 사유한 지식인이자 소설가인 루쉰의 정신이 잘 드러난다.

루쉰기념관 내부

루쉰기념관을 나와 루쉰 옛집魯迅故居으로 갔다. 이곳은 루쉰이 1933년 부터 1936년 타계하기 전까지 살았던 집으로 룽탕弄堂 안에 있는 3층짜리 건물이다. 이곳 루쉰 옛집에는 당시 루쉰과 그의 가족들이 쓰던 가구와 물건들을 그대로 보관하고 있어서, 루쉰 문학의 깊이가 고스란히 전해오는 듯했다.

공원 안쪽에 있는 루쉰 묘를 찾았다. 루쉰의 동상 뒤로 '魯迅先生之墓'라는 글자 아래 루쉰의 무덤이 있었다. 이 글자는 루쉰의 사상을 본받고자 했던 마오쩌둥이 직접 쓴 것이라고 한다. 루쉰 묘 앞에서 경건하게 머리를 숙이는 중국 사람들의 모습을 보면서 나 역시 루쉰이 남긴 정신과 문학의 숭고함에 대해 다시 한 번 생각할 수 있었다.

루쉰 묘를 돌아 뒤편으로 조금 더 걸어가면 매원梅園이라는 작은 현판을 단 곳이 보인다. 이곳은 1932년 4월 29일 일제의 상하이사변 전승축하식과 일왕 생일축하식이 열리던 홍커우공원에 폭탄을 던져 일본군 대장 등을 처단한 윤봉길 의사의 의거가 있었던 바로 그 장소이다. 입구에는 그날의 의거를 기념하는 돌탑이 서 있고, 그 뒤로 윤봉길의사기념관인 매헌梅軒이 있다. 당시 윤봉길 의사는 현장에서 바로 체포되어 상하이파견군 군법회의에서 사형을 언도받고 그해 12월 19일 일본의 이시카와현 미고우시 육군공병작업장에서 총살형이 집행되어 순국했다. 이 의거로 일제의 상하이임시정부 감시와 통제가 더욱 강화되어 결국 임시정부는 상하이를 떠날 수밖에 없었지만, 중국 국민당의 실권자였던 장제스蔣介石는 이러한 항일 의거를 높이 평가하여 이후 대한민국임시정부와 긴밀한 협조를 유지하면서 항일운동에 매진했다고 한다.

한국의 전통 기와지붕으로 된 2층 건물인 기념관에는 홍커우 의거 당시 현장 사진과 물통, 도시락 모양의 폭탄 등의 모형을 전시하고 있는 1층과 윤봉길 의사의 생애와 사적을 전시하고 있는 2층으로 이루어져 있다. 특히 2층에 있는 "사내대장부는 집을 나가 뜻을 이루기 전에는 살아 돌아

1 루쉰의 묘. '魯迅先生之墓'라는 글자는 마오쩌둥이 쓴 것이다.

2 매원 입구

3 윤봉길 의사 폭탄 투하 장소 기념석

4 매헌

오지 않는다"라는 윤봉길 의사의 글에서, 식민지 시대를 살았던 대한민국 청년의 굳은 기개와 나라 사랑의 정신이 온몸으로 전해져옴을 느낄 수 있었다.

윤봉길의사기념관을 돌아보면서 '사람이 태어나서 어떻게 죽어야 하는가?'에 대한 새삼스런 질문을 스스로에게 던지지 않을 수 없었다. 그동안 우리는 '어떻게 잘 살 것인가'와 같은 '삶 교육'에 치중한 나머지 '죽음 교육'에 대해서는 소홀한 측면이 있지 않았나 하는 생각이 들었기 때문이다. 물론 삶과 죽음은 전혀 별개의 문제가 아니어서 어떻게 살 것인가의 문제는 결국 어떻게 죽을 것인가의 문제와 만날 수밖에 없음은 당연하다. 하지만 한편으로 생각해보면 지금 우리 사회는 과도하게 삶에 대한 집착에 매몰되어 모든 것을 개인의 안위와 영달로 귀결시키는 심각한 변질의 과정을 겪고 있지 않나 생각된다. 결국 어떻게 잘 살 것인가의 문제와 어떻게 잘 죽을 것인가의 문제는 사실상 전혀 다른 문제가 되어버렸다고 할 수도 있다. 즉, 어떻게 잘 살 것인가의 문제를 어떻게 잘 죽을 것인가의 문제와 함께 고민하지 않고 오로지 어떻게 잘 살 것인가의 문제로만 귀착시킴으로써, 지금 우리 사회는 여러 가지 모순에 직면해 있는 것은 아닐까. 이러한 점에서 앞으로 '삶 교육'은 '죽음 교육'과의 연결고리 속에서 새로운 방향을 찾아야 할 것이다.

윤봉길 의사와 같은 의로운 죽음 그것은 분명 아름다운 삶이 만들어낸 결과이고, 그 죽음을 통해 우리는 지금까지도 그를 살아 있는 역사로 기억하고 호출하고 있음을 반드시 기억할 필요가 있다. 어떻게 잘 죽을 것인가를 깊이 성찰하는 데서부터 진정한 삶의 방향을 찾아야 하는 이유도 바로 여기에 있다.

쑹칭링
옛집에서

●

　　쑹칭링을 만나러 그녀의 옛집으로 가고 싶었다. 상
하이에 와서 첫 여행지로 선택한 화이하이루 일정 중에 그녀의 옛집을 들
려보기로 계획했지만 다른 곳을 둘러보는 데 너무 많은 시간을 빼앗겨버
렸다. 더군다나 오후 4시면 문을 닫는 쑹칭링 옛집은 결국 가보지 못한 채
다음을 기약할 수밖에 없었다. 그런데 어찌 된 일인지 상하이에서 몇 달을
보내는 동안 다시 쑹칭링 옛집을 찾을 기회는 좀처럼 오지 않았다. 상하이
에 와서 꼭 가보고 싶었던 곳 중 하나였는데, 왜 그동안 내 발길은 그녀의
집을 찾아가기를 주저하고 있었는지 모르겠다. 내게 쑹칭링은 역사적 실
체가 아니라 어떤 상징으로 남겨져 있었기 때문일까? 그녀의 옛집으로 가
는 길은 내게 운명처럼 다가오는 어떤 이정표와 같은 의미를 지니고 있었
던 것인지 그녀의 집을 찾아가기로 마음먹는 일은 결코 쉬운 일은 아니었
다. 그녀의 옛집은 지하철 11호선 자오퉁대학역交通大學站에서 그리 멀지 않
은 길가에 위치하고 있었다.

　　〈송가황조宋家皇朝〉라는 영화를 본 적이 있다. 송씨 집안의 세 자매 쑹아
이링宋靄齡, 쑹칭링, 쑹메이링宋美齡의 삶을 담은 가족 영화였다. 상하이 지역
의 유력한 재산가이고 쑨원의 친구이자 재정적 후견인이었던 쑹자수宋嘉樹
는 일찍부터 세 딸에게 혁명적 사고와 선구자적 여성의식을 일깨워주었
다. 자식들의 교육에 절대적으로 헌신했던 그는 세 딸 모두를 미국으로 유
학 보내 선진 학문과 문물을 공부하고 경험하도록 했다. 유학에서 돌아온
세 딸은 저마다 세상을 보는 욕망이 달라서, 첫째 딸 쑹아이링은 당대 중

국 최고의 부자 쿵샹시孔祥熙에게 시집을 갔고, 둘째 딸 쑹칭링은 아버지의 친구인 쑨원의 비서로 지내다 연인으로 발전해 27살의 나이 차를 극복하고 그의 부인이 되었고, 막내딸 쑹메이링은 국민당 총통 장제스와 결혼해 타이완의 국모로 살아갔다. 이를 두고 사람들은 돈과 혁명 그리고 권력, 이 세 가지 모두를 한 집안의 세 자매가 나누어가졌다고 말했다.

중국 혁명의 아버지로 불리는 쑨원의 아내이자 1949년 중화인민공화국 설립 이후 부주석을 지낸 쑹칭링. 상하이에 있는 그녀의 옛집은 쑨원이 죽은 후 그의 집을 나와 베이징으로 이주하기 전까지 15년간 살았던 집이라고 한다. 울창한 나무와 숲이 들어선 꽤 넓은 공간에 쑹칭링기념관이 있고, 옆 건물에는 그녀의 생전 생활 모습이 고스란히 잘 보존되어 있었다. 그 가운데 1층 응접실 벽에 걸린 쑨원의 초상화에 가장 먼저 눈길이 갔다. 쑨원의 죽음 이후에도 자신의 집 거실 안에 그의 초상화를 걸어놓고 살았던 그녀의 마음은 과연 어떠했을까. 김일성 주석이 선물했다는 춘향전 액자와 마오쩌둥이 선물한 복숭아가 그려진 카펫도 눈길을 끌었다. 그녀의 집을 돌아보면서 중국 혁명의 중심에서 혁명가의 부인이자 가장 아름다웠던 여인으로서 꽃다운 시절을 송두리째 나라에 바쳤던 그녀의 삶이 온전히 전해져왔다. 중국

의 근대화를 이끈 국모 쑹칭링, 하지만 정치적 이념을 달리한 장제스의 부인으로 살면서 국민당의 국모로 불렸던 동생 쑹메이링과 의절한 채 평생을 살아야만 했던 그녀의 외로움이 문득 느껴지기도 했다.

전시관을 나와 소담하게 꾸며진 건물 뒤뜰 정원을 둘러보고 정문

앞으로 펼쳐진 너른 마당으로 다시 나왔다. 오랜 수명을 자랑하는 나무들이 울창한 숲을 이루어 시원한 그늘을 만들어주었다. 마당 한쪽 벤치에 앉아 잠시 지나온 시간들에 대한 생각에 잠겼다. 숲에서 불어오는 바람 소리와 새소리가 점점 깊게 들려왔다. 세상을 향한 그리움과 마음의 상처들을 이제는 내려놓으라고 조용히 말해주는 듯했다.

　상하이에서 지내기로 예정된 날들도 어느새 반을 넘어가고 있었다. 쑹칭링의 옛집에서 나는 상하이에서 보낸 시간들, 그 속에서 간직했던 말과 기억을 하나하나 떠올리며 남은 시간들에 대한 생각을 정리했다. 상하이에 왜 왔는지, 이곳에서 무엇을 하고 싶었던 것인지 그리고 지금 무엇을 하고 있는지에 대한 여러 가지 단상이 한순간에 스쳐 지나갔다. 쑹칭링의 옛집에서 비로소 나는 상하이의 생활이 가져다준 극도의 긴장을 해소하고 마음의 휴식을 찾을 수 있었다. 벤치에 앉아 가만히 눈을 감고서 이 집을 나서면서부터는 좀 더 새로운 삶을 만나게 되길 기도했다. 울창한 나무 숲에서 불어오는 바람 소리가 빗자루로 마당을 쓸 듯 지나가면서 그윽한 숲의 향기를 가슴 한가운데로 스며들게 해주었다. 멀리서, 아주 멀리서, 간절한 그리움이 밀려오고 있었다.

쑹칭링 옛집

런민공원에서
마오쩌둥 옛집으로 가다

●

　　주말이면 런민人民공원에는 아주 이색적인 풍경이 연출된다. 공원 입구에서부터 길게 줄지어 늘어선 온갖 색깔의 우산을 볼 수 있기 때문이다. 처음 공원을 찾는 사람들은 도대체 이것이 무엇인지 궁금하지 않을 수 없는데, 가까이 가서 보면 '나이, 출신, 직업, 성별' 등 결혼 적령기 남녀의 신상을 적은 글과 사진들이 우산 위에 빼곡히 펼쳐져 있다. 이러한 진풍경은 주말이면 런민공원에서 열리는 중매 시장에서 만나볼 수 있다. 이 낯선 풍경을 처음 보았을 때 나는 지난 80년대 여의도 KBS 방송국 주변에서 볼 수 있었던 이산가족 찾기 운동을 언뜻 떠올렸다. 하지만 천천히 공원을 둘러보다보면 그 외양만 비슷할 뿐이지 분위기는 사뭇 다르다. 지나가는 사람들의 특별한 관심을 기대하면서 우산을 펼쳐 그 위에 신상을 적은 종이를 붙여놓고 앉아 있는 사람들이 부모들인지 아니면 전문 중매쟁이들인지는 알 수 없었다. 다만 신랑감 혹은 신부감을 기다리는 그들의 모습에서 어떤 기대감에 들뜬, 밝고 즐거운 모습을 발견했다면 나만의 지나친 감상일까.

런민공원

런민공원에서 주말마다 열리는 중매 시장

런민공원은 런민광창 바로 옆에 위치한 상하이의 대표적인 도심공원으로 조계지 시절 경마장이었던 곳이다. 당시 난징루와 푸저우루福州路 그리고 샤페이루霞飛路, 지금의 화이하이중루(淮海中路)로 이어진 이곳 일대는 식민지 자본에 의한 타락과 부패의 온상이었다. 20세기 초 난징루가 크게 번성하기 전까지 푸저우루는 줄곧 상하이에서 가장 번화한 지역이었다. 이 거리에는 상하이의 거의 모든 신문사와 서점이 운집해 있었을 뿐만 아니라 수많은 희원戲院, 전통극 공연장과 서장書場, 사람을 모아 놓고 만담, 야담, 재담을 들려주는 장소, 다관과 무도장, 술집과 여관 등이 두루 포진해 있었다. 또한 경마장 인근의 서쪽 구간은 유명한 색정 환락가로 기방들이 줄지어 들어서 있었다고 한다. 그리고 샤페이루는 프랑스 조계에 위치해 있었는데 플라타너스가 심어져 있는 이 가로수 길에는 짙은 이국의 정서가 가득했고 길 양쪽으로 늘어선 상점들도 주로 양식집과 양복점, 유럽의 패션 소품 상점이 많았다. 이 모든 것이 당시 사람들에게 몽롱하고 희미한 느낌을 가져다주었고 유럽 교민들에게는 고향집에 온 것 같은 친밀감을 느끼게 해주었다. 현지의 중국 신사들은 이러한 이국 풍경을 문명 진보의 상징으로 잘못 이해하기도 했다. 이런 의미에서 샤페이루는 디즈니공원과 마찬가지로 온통 기표로 쌓아올린 거리로 사람들을 환각 상태에 빠지게 하는 일종의 환영 simulacrum이었다고 할 수 있다.[*]

* 니웨이(倪偉), 〈'마도(魔都)' 모던〉, 《ASIA》 25, 2012 여름호, 30~31쪽.

프랑스 조계 지역은 플라타너스와 아담한 건물들로 마치 유럽에 있는 듯한 느낌을 선사한다.

중화인민공화국이 설립되면서 사회주의 체제는 이러한 근대 상하이의 기억을 가장 먼저 지우려고 했다. 조계지 시절 경마장은 경마는 물론이거니와 영국 국왕의 기념 활동 등 서양인들의 정치 활동의 장소였고, 조계함락 이후에는 일본군의 병영으로, 항일전쟁 이후에는 미국 군영과 구호물자 창고로 이용되었다. 즉, 경마장은 언제나 외세의 자본과 권력이 자신들의 이익과 쾌락을 전유하는 소비 공간으로서 가장 식민지적인 특색이 드러났던 것이다. 따라서 사회주의 체제하에서 경마장은 가장 먼저 제거되어야 할 식민지 기억의 핵심 장소가 되지 않을 수 없었다. 그래서 1951년 8월 27일 상하이시 군사관리위원회는 경마장을 국유화하고 9월 7일에 경마장 부지의 남쪽에 런민광창 개장식을 가졌다.

당시 상하이 부시장은 이곳에 대해 "제국주의 죄악의 온상", "더러운 것들을 용납하고 받아들인 곳", "상하이 인민들에게 극도의 해로움을 끼친 곳"으로 신랄하게 비판했고, "이제는 마침내 인민들의 소유로 돌아왔다. 우리는 자신의 노동에 의지해 이 지역을 상하이 인민의 유용한 장소로 바꿀 것"이고, "앞으로 이 광장은 대*상하이 인민의 활동과 오락의 장소가 될 것이며 상하이 인민의 낙원이 될 것"*이라고 선언

* 상해시지방지변공실 편,
《상해명가지》, 상해사회과
학원출판사, 2004, 263쪽.

했다. 이는 당시 경마장을 인민들의 광장으로 바꾸는 것이 중국인들에게 얼마나 중요한 의미를 지녔는지를 인식시키고자 한 것으로, 식민주의의 기억을 떠올리게 하는 굴욕적인 장소를 인민들의 생활공간으로 변화시켜 모두가 자유롭게 활동하는 공공의 장소로 탈바꿈하겠다는 강한 의지를 보여준 것이라고 할 수 있다.

조계지 위에 세워진 경마장을 런민광창과 런민공원으로 변화시킨 중국의 역사적 인식을 보면서, 최근 미군기지였던 하야리아 부대터를 부산 시민공원으로 바꾼 부산의 역사가 그대로 겹쳐졌다. 일제시대 경마장으로 사용되었다는 사실과 미군들의 병영기지로 사용되었던 점도 일치하고, 그 장소에 시민들을 위한 공원을 조성한 점까지 일치한다. 하지만 런

민공원과 부산시민공원은 비슷한 역사를 거쳐 조성된 공원이지만 지금은 전혀 다른 모습으로 완전히 다른 가치를 지향하고 있다는 생각이 들어 조금은 쓸쓸함을 지울 수 없다. 런민공원이 어떠한 인위적인 계획이나 통제도 없이 말 그대로 인민들의 일상생활을 영위하는 장소로 사용되고 있다면, 부산시민공원은 온갖 규제와 금기 속에서 만들어진 인공물로 억지로 만든 이야기를 시민들에게 똑같이 향유하길 강요하는 부자연스러움이 있는 듯하다.

단적으로 말해 런민공원이 상하이 시민들에게 어떤 격식도 권위도 없는 편안한 일상 공간으로 가까이 다가서고 있다면, 부산시민공원은 관주도의 어떤 정책이 부산 시민들을 위에서 내려다보면서 일정한 프로그램을 암묵적으로 강요하는 인위적 공간이라는 생각을 지울 수 없다. 중국과 한국 그리고 상하이와 부산의 역사와 현실이 다르므로 조금은 지나친 비교일지는 모르지만, 중국은 사회주의 국가이면서도 공원 문화만큼은 대개 이러한 자유스러움이 있어서 오히려 편안한 휴식을 할 수 있는, 진정 시민들의 일상을 책임지는 공원으로서의 기능을 한다. 반면 한국의 공원은 인위적인 시스템과 보여주기식 스토리텔링으로 공원마저 일률적인 문화로 강제하려는 듯한 관주도의 느낌이 강하게 드러난다는 점에서 한국의 공원 문화에 대해서 다시 한 번 진지하게 생각해봐야 하지 않을까 싶다.

난징시루역을 조금 지나 왼쪽으로 꺾으면 마오밍베이루茂名北路가 나오는데, 그 길을 따라 쭉 걸어가면 상해 시절 마오쩌둥의 옛집毛澤東舊居이 나온다. 마오쩌둥은 중화인민공화국을 창설하고 초대 주석을 지낸 중국 공산당 최고의 지도자로 베이징 천안문광장에 대형 사진이 걸려 있는 그의 옛집이니 주변이 다소 특별하고 경비도 좀 삼엄할 거라 생각했는데, 상하이의 여느 동네 길가에 아무나 드나들 수 있는 아주 평범한 집이었다. 상하이 골목 주택인 룽탕 안에 위치한 전통 스쿠먼 양식의 2층 집이었는데, 입구

1 마오쩌둥 옛집 입구
2 입구에서 관람객을 맞이하는 마오쩌둥 동상
3 마오쩌둥과 쑹칭링

에 놓인 가족 동상을 바라보면서 왼편으로 가면 2개의 전시실이 보인다.

　제1전시실은 마오쩌둥의 가계와 성장 과정 그리고 상하이와 관련을 가진 마오쩌둥의 주요 활동을 전시해놓았다. 그중에서 쑨원의 부인 쑹칭링과 교류를 나눌 때 주고받은 친필 편지들이 가장 인상 깊었다. 쑨원이 죽고 난 후 쑹칭링은 장제스의 국민당을 지지하지 않고 마오쩌둥의 공산당을 지지했고, 마오쩌둥은 그녀를 중화인민공화국 초대 부주석으로 추대하여 이후 쑹칭링은 상하이를 떠나 베이징에서 남은 생을 살았다. 제2전시실은 마오쩌둥이 상하이에 살던 시절의 생활을 재현해놓은 곳이었다. 밀랍인형으로 그와 부인 그리고 아이들의 모습을 만들어놓아 당시 그의 가족이 이곳에서 살았던 모습을 상상해볼 수 있었다.

　마오쩌둥은 예나 지금이나 중국인들이 가장 추앙하는 최고의 지도자임에 틀림없다. 문화대혁명 시기 수많은 오류를 범하기는 했지만, 그래도 그는 농민과 도시 노동자들로 대표되는 인민들을 위한 정치를 주장하며 지금의 중국을 있게 한 장본인이다. 물론 중국이 상하이를 중심으로 지금과 같이 경제 대국으로 성장하게 된 것은 마오쩌둥 사후 덩샤오핑의 실용주의 정책이 큰 영향을 미쳤지만, 중국의 역사적 정통성만큼은 마오쩌둥에서 비롯된다고 믿는 것이 중국인들의 변하지 않는 신념인 듯하다. 최근 들어 사회주의적 자본주의의 여러 가지 모순과 병폐에 직면하면서 중국에서는 다시 마오쩌둥의 정치와 사상을 재평가하는 움직임이 일고 있다. 비록 문화대혁명이 중국의 발전을 수십 년 이상 가로막았다는 점에서 그의 과오를 부정할 수는 없지만 마오쩌둥의 사상이야말로 자본주의의 폐해로 몸살을 앓고 있는 중국 공산당의 정신을 올바르게 세우는 근간이 된다고 믿기 때문이 아닐까 싶다.

마오쩌둥의 집을 나오는데 비가 흩날렸다. 난징시루역으로 돌아가는 길에 잠시 중국의 미래를 생각해보았다. 정치적 식견이 부족해 속단하긴 이르지만 아마도 다음 세대들에게 있어서 중국은 지금보다 더 영향력 있는 나라가 될 것이라는 사실은 충분히 확신할 수 있었다. 아직은 빈부격차가 심하고 급속한 성장으로 인한 후유증도 만만찮은 듯하지만 13억 이상의 인구에서 비롯되는 국력은 세계 어느 나라도 당해낼 수 없는 저력을 품고 있음은 누구나 인정하는 사실이다. 중국에서 지내는 동안 그들이 말하는 '중궈멍中國夢'이 결코 낭만적이거나 이상적인 말로만 들리지 않을 때가 많다. 아마도 그 꿈이 생각했던 것보다 훨씬 더 빠른 시일 내에 이루어질지도 모르는 일이다.

PART 5

상하이를 넘어
중국을 가다

동방의 베니스,
쑤저우로 가다

"하늘에는 천당이 있고 땅에는 쑤저우와 항저우가 있다上有天堂, 下有蘇杭"라는 말에 이끌려 쑤저우蘇州로 갔다. 13세기 이탈리아의 여행가 마르코 폴로Marco Polo가 그의 저서《동방견문록》에서 동방의 베니스로 묘사한 쑤저우, 아름다운 물의 도시 쑤저우로 가는 가장 편리한 방법은 상하이역에서 고속열차를 타는 것이다. 기차표를 끊기 위해 상해상학원上海商學院 동문 바로 옆에 있는 간이 매표소에 갔더니 무슨 이유인지 며칠째 계속 문이 닫혀 있었다. 하는 수 없이 학생들에게 도움을 요청해 인터넷으로 표를 예매했다.

상하이에서 쑤저우까지 고속철 요금은 편도 39.5위안이고, 쑤저우까지

중국의 고속열차

걸리는 시간은 고작해야 20여 분 정도이다. 오전 10시 출발인 데다 상하이역에 가서 직접 표를 바꾸어야 해서 아침 일찍 숙소를 나섰다. 인터넷으로 예매표를 찾는 위치를 정확하게 파악한 덕분에 표를 찾는 건물과 창구는 쉽게 찾을 수 있었다. 하지만 역 창구마다 사람들의 줄이 엄청나게 길어서 언제 표를 찾을 수 있을지 막막하기만 했다. 한참을 기다려 창구에 여권을 제시하고 미리 예매한 표를 찾았다.

매표소 건물을 빠져나와 역 대합실로 갔다. 한국의 기차역은 대합실에서 열차를 타러 가는 입구와 출구가 하나이고, 일단 대합실을 벗어나면 레일 호수를 찾아 열차를 타게 되어 있다. 그런데 중국은 대합실에서 먼저 각 레일별로 들어가는 입구부터가 달랐고, 레일별 입구로 들어가면 또 작은 대합실이 나오는 구조로 되어 있었다. 주말이라 그런지 대합실 안은 사람들로 꽉 차 발 디딜 틈이 없었다. 중국에서 휴일이나 주말에는 외출이나 여행을 삼가는 것이 좋다고 하는 말을 조금은 실감할 수 있었다.

열차 시간이 다가오자 슬슬 사람들이 입구로 몰려들기 시작했다. 줄을 서긴 했지만 사실상 별 의미가 없을 정도로 문이 열리자마자 그야말로 아수라장이 되었다. 간신히 입구를 빠져나와 지정된 객차의 자리에 앉았다. 열차 내부는 우리나라에 KTX가 없던 시절의 새마을호 비슷한 느낌이 들었는데, KTX처럼 앞자리와의 간격이 좁지는 않아서 마음에 들었다. 드디어 중국에서 혼자서 고속열차를 탔다는 뿌듯함과 안도감에 잠시 차창을 바라보며 상하이 외곽의 경치를 감상하고 있으려니, 어느새 쑤저우에 도착한다고 내릴 준비를 하라는 방송이 나왔다. 정말 20분 정도 지났을까, 말 그대로 타자마자 내려야 하는 형국이었다. 시속 300km 이상을 달리는 기차라더니 눈 깜짝할 사이에 쑤저우에 도착한 것이다.

예부터 쑤저우는 아름다운 정원으로 유명한데, 수나라 때 운하가 개통된 이후 운하를 중심으로 양쯔강 유역에서 가장 먼저 개발된 도시라고 한다. 그래서 도시 전체가 운하로 이루어져 있고 졸정원, 유원, 사자림, 창랑

쑤저우대학. 역사와 전통이 그대로 전해짐과 동시에 현대적인 대학이다. 쑤저우대학의 전신은 동우대학이다.

정 등 유명한 정원이 있는 물의 도시이자 정원의 도시이다. 상하이에서 지내는 동안 쑤저우는 비교적 가까운 거리에 있으니 한 번에 다 볼 욕심을 갖지 않고 시간을 갖고 여러 차례 둘러봐야겠다고 생각했다.

쑤저우蘇州대학과 동방의 피사의 사탑으로 불리는 후추탑虎丘塔이 있는 후추虎丘에 가보기로 했다. 먼저 쑤저우역 앞에서 버스를 타고 쑤저우대학으로 갔다. 쑤저우대학은 100년이 넘는 오랜 역사를 지닌 학교로, 1900년 쑤저우의 감리교단이 3개의 학교를 통합해 설립한 둥우東吳대학에서 출발했다. 이후 여러 대학을 다시 통합해 1982년부터 쑤저우대학으로 불렸다고 한다. 캠퍼스 안으로 들어가보니 그 역사를 짐작할 만큼 고풍스러웠고 규모 또한 엄청나게 컸다. 캠퍼스 안으로 작은 운하가 흐르고 있었고, 그 운하를 건너면 현대적인 또 하나의 캠퍼스가 펼쳐져 있었다. 캠퍼스 안에 100여 년의 역사가 고스란히 남아 있어서 과거와 현재가 공존하는 아주 특별한 풍경을 만들어내고 있었다.

쑤저우대학을 나와 다음으로 송나라의 대문호 소동파蘇東坡가 "쑤저우에 와서 후추를 보지 않으면 크나큰 후회"라고 극찬했다는 후추로 갔다. 《사기》의 기록에 의하면 오나라 왕의 시신을 이곳에 매장했는데, 그 후 3일 동안 흰 호랑이가 나타나 그 무덤 위에 웅크리고 앉아 있었다고 해서 이름을 '후추'로 부르

후추탑

쑤저우박물관

기 시작했다고 한다. 후추의 백미는 '후추탑'이라고 불리는 운암사雲
巖寺 탑으로, 이탈리아의 피사의 사탑보다 100년이나 더 오래되었고
약 3.59도 정도 기울어져 있어 한 발짝 물러서서 바라보면 절로 경외
감이 느껴진다. 주말이라 관광객들에 떠밀려 여유롭게 관람하는 것이
어려워 못내 아쉬웠다. 다음에 다시 한 번 찾을 것을 기약하고 쑤저우
박물관으로 갔다.

쑤저우박물관은 소장된 전시물로 유명하다기보다는 박물관 자체
건축물의 아름다움이 돋보이는 곳이었다. 세계적인 건축가 이오 밍
페이Ieoh Ming Pei가 설계했는데 정원의 도시, 물의 도시 쑤저우의 특색을
아주 잘 살려 박물관이라기보다는 아름다운 정원을 꾸며놓은 것 같
은 인상적인 곳이었다. 건물의 외관도 마치 종이로 만든 것 같은 특이
한 조형미에 작은 연못을 배치하여 건물의 아름다움을 더욱 은은하
게 살려낸 미적 감수성에 절로 감탄하지 않을 수 없었다. 그저 건물이
라면 박물관이든 도서관이든 사각형의 공간으로 뚝딱 지어버리는 우
리나라 건축의 발상과 태도가 너무도 안타깝게 느껴지는 순간이었다.

상하이로 온 후 처음으로 상하이를 벗어나 혼자서 하루를 보냈다.
경험하지 않으면 아무것도 얻을 수 없고, 용기가 없으면 역시 아무것
도 경험할 수 없다는 사실을 새삼 실감했다. 모든 일이 처음이 어려운
법이니 이제부터라도 상하이를 중심으로 조금씩 멀리 떠나는 여행을
시도해야겠다고 생각했다. 다음에는 항저우杭州를 가려고 마음먹으면
서 상하이로 돌아오는 고속열차에 몸을 실었다.

베이징에서 찾은
쑹칭링의 흔적

●

　　　　　중앙민족대학에서 개최하는 국제학술대회 기간 동안 하루 정도는 혼자서 베이징北京을 자유롭게 돌아보고 싶었다. 하지만 학술대회 일정과 오랜만에 중국 교수들을 만난 터라 오전 몇 시간밖에는 자유 시간을 가질 수가 없었다. 상하이에서 떠나오면서부터 베이징에 가면 무슨 일이 있어도 루쉰박물관과 쑹칭링宋慶齡 옛집 두 곳은 꼭 둘러보리라 마음먹었는데, 결국 두 곳 중에서도 한 곳만을 선택할 수밖에 없는 상황이 되었다. 이래저래 고민을 하다가 늦가을 무렵 루쉰魯迅의 고향인 사오싱紹興에서 개최되는 학술대회에 가기로 예정되어 있어서, 그때 그곳에서 루쉰의 모든 것을 자세히 보기로 하고 베이징의 쑹칭링 옛집으로 갔다.

　　쑹칭링은 쑨원孫文의 죽음 이후 그의 집을 나와 현재 상하이에 있는 집에서 거처하다가 1949년 중화인민공화국 수립으로 국가 부주석이 되면서 베이징으로 왔다. 베이징의 쑹칭링 옛집은 '中華人民共和國 名譽主席 宋慶齡 同志 故居중화인민공화국 명예 주석 쑹칭링 동지의 옛 거주지'라는 이름에서 알 수 있듯이, 1963년 4월부터 1981년 10월 세상을 뜰 때까지 18년을 살았던 국가 부주석 공관이다. 쑹칭링이 죽고 난 후 그 공로를 인정받아 명예 주석으로 추대되었고 공관은 전국중점문물보호단위로 지정되어 현재는 기념관으로 사람들에게 공개되고 있다.

　　원래 이곳은 중국의 마지막 황제 푸이溥儀의 아버지 순친왕醇親王의 화원이었고 푸이가 태어난 곳이기도 하다. 즉, 이 집은 쑹칭링의 옛집인 동시에 중국의 마지막 황제의 생가이기도 한 셈이다. 그럼에도 불구하고 이 집이 쑹칭링의 이름으로만 기억되는 것은 중국 근대사의 아픔에서 비롯된 뼈아픈 결과가 아닐 수 없다. 푸이는 청 왕조가 붕괴한 뒤에도 13년 동안이나 자금성紫禁城에 머물렀다. 하지만 1924년 베이징 정변으로 쫓겨나 일본이 세운 만주국의 허수아비 황제가 되었고, 일본이 패망한 후 친일 전범으로 낙인찍혀 탈출을 시도하다 소련에 잡혀 정치수용소에서 5년 동안 수감생활을 했다. 1950년 중국에 인계되었지만 전범수용소에 갇혔다가 1959년 평민의 신분으로 세상에 나왔다. 황제로 태어나 평민으로 생을 마감한, 비운의 인물 푸이의 생가 터는 중국 공산당의 역사 속에서 어둡고 불우했던 삶의 기억으로 간신히 남아 있는 것이다.

베이징 쑹칭링 옛집은 스차하이十刹海로 불리는 베이하이北海공원 북부의 호수를 바라보고 있다. 일반적으로 스차하이 하면 베이징으로 오는 관광객들이 인력거를 타고 후통胡同을 한 바퀴 돌고 나올 때 반드시 지나가는 첸하이前海만을 생각하다보니, 여러 차례 스차하이에 왔으면서도 쑹칭링의 옛집이 근처에 있다는 얘기만 들었지 실제로 와보지는 못했었다. 쑹칭링 옛집은 스차하이의 허우하이後海에 있어서 밤이면 관광객들로 북새통을 이루는 카페 거리와는 다른 조용한 호수를 바라보고 있었다. 이곳 일대는 예전부터 경관이 아름답기로 유명해서 베이징에서 유명한 피서지 가운데 한 곳이었는데, 공친왕恭親王의 저택인 공왕부恭王府 등이 있는 데서 알수 있듯이 황족들과 권력자들이 즐겨 찾던 곳이었다.

상하이의 쑹칭링 옛집과는 달리 이곳은 규모가 클 뿐만 아니라 집이라기보다는 작은 공원 같은 느낌이 들었다. 상하이의 쑹칭링 옛집이 쑨원과의 사랑이 흐르는 숨은 이야기를 간직하고 있는 곳이라면 이곳은 중국 역

스차하이 허우하이

사에서 공산당 부주석을 지낸 한 여성 지도자를 기념하는 교육의 장으로서의 역할을 하고 있는 곳이다. 그래서인지 상하이의 옛집이 아늑하고 따뜻한 집 앞마당 같은 느낌으로 관람객을 맞이한다면, 이곳은 조금은 절제되고 제도화된 격식이 관람객을 압도하는 느낌을 지울 수 없었다. 울창한 숲과 정원이 딸린 부주석 공관으로서 당시 쑹칭링이 살았던 그때의 모습 그대로 침실, 서재, 식당 등을 보존해놓은 옛집과 그녀의 삶을 시기별로 잘 정리해놓은 생애기념관이 별도로 있었다. 특히 생애기념관의 전시물들이 인상 깊었는데, 각 시기별로 그녀의 모습을 담은 사진들과 생전에 그녀가 사용했던 물건들 그리고 중화인민공화국 수립 이후 중국의 정치지도자로서 그녀의 활약상 등이 순서대로 잘 소개되어 있었다.

1 베이징 쑹칭링기념관 입구
2, 3, 4 쑹칭링기념관 내부

　그중에서도 세 자매의 다정했던 시절의 모습을 담은 사진이 유독 눈에 띄었다. 청나라 말기에서부터 중화민국 그리

166

고 중화인민공화국으로 이어지는 중국의 역사는 물론 국민당의 수립과 국공합작國共合作 그리고 내전으로 이어지면서 대만 정부가 들어서기까지, 온갖 우여곡절의 지난 시간을 고스란히 안고 그 중심에서 살아야만 했던 세 자매의 모습과 흑백사진 속의 다정했던 모습이 겹쳐지면서 여러 가지 생각이 스쳐 지나갔다. 진정 역사는 이토록 다정했던 세 자매의 우애로운 삶을 갈라놓을 만큼 위대하고 진실한 것이었는지 새삼 묻지 않을 수 없었다.

쑹칭링 옛집을 나와 스차하이 허우하이를 바라보았다. 아마도 쑹칭링은 이 집을 나설 때마다 잔잔한 물결만이 아득하게 펼쳐진 호수를 바라보면서 많은 생각을 했을 것이다. 아무리 정치인으로서의 삶을 살아가게 되었다 해도 자연 앞에서만큼은 겸허해질 수밖에 없는 것이 나약한 인간의 운명이 아닐까. 어쩌면 쑹칭링은 이 호수에서 쑨원과 함께 무수히 건넜을 상하이의 황푸강黃浦江과 바다를 떠올렸을지도 모를 일이다. 돈을 선택했던 언니 쑹아이링宋靄齡, 권력을 따라나섰던 동생 쑹메이링宋美齡과 달리 그녀는 진정 혁명을 꿈꾸며 쑨원이 못다 이룬 삶을 실천하며 살고자했던 것일까. 그래서 그녀는 중화인민공화국 수립 이후 국민당이 아닌 공산당을 선택하며 마오쩌둥毛澤東을 지지했던 것일까. 국민당의 지도자였던 쑨원이 지금까지 중국 근대 역사의 초석을 닦은 위대한 인물로 기억되고 대도시 곳곳에 그의 이름으로 된 공원이 조성될 수 있었던 것은 결국 쑹칭링의 정치적 선택이 낳은 결과는 아니었을까. 스차하이의 장구한 물결을 바라보며 문득 그녀의 진심은 과연 무엇이었는지 강한 의구심에 사로잡혔다.

1 쑹칭링의 가족 사진   2 쑹칭링의 아버지이자 쑨원의 친구 쑹자수 사진
3 쑹칭링과 쑨원 사진   4 송씨 세 자매 사진

상하이에서 시안으로:
진시황릉과 병마용을 찾아서

중국 국경절 연휴(10월 1~7일)를 맞이해 시안西安을 여행했다. 13억 중국 인구가 모두 움직인다는 국경절 연휴에는 어디를 가도 인산인해人山人海라서 여행을 가지 않는 게 좋다고들 하지만, 중국에서 1년을 보내는 외국인으로서 이런 기회도 흔치 않은 일이라 그냥 사람 구경할 셈치고 일단 상하이를 떠나보기로 했다. 이번 여행은 국경절 연휴인 터라 교통편을 구하기가 쉽지 않았고 상하이에서 좀 멀리 떨어진 곳을 가려고 생각했기 때문에 여행사 패키지를 알아보았다.

상하이에서 시안까지는 비행기로 2시간 20분 정도 걸리는데, 가는 편은 푸둥浦東국제공항에서 출발해 중국국제항공으로, 오는 편은 길상항공을 이용해 홍차오虹橋국제공항에 도착하는 일정으로 예정되어 있었다. 아침 8시 30분 출발이므로 5시 30분에 숙소를 나서 택시를 타고 푸둥국제공항 2청사로 갔다. 2박 3일의 짧은 일정으로 배낭과 노트북이 짐의 전부였기에 간단히 탑승 수속을 마치고 중국 최대의 연휴인 국경절에 상하이에서 시안으로의 힘겨운 여정을 시작했다. 비행기 출발 시간이 1시간 늦추어져 시안 셴양咸陽국제공항에 12시 5분에 도착했다. 이번 여행에 동행할 다른 가족들과 가이드를 입국장에서 만나 공항 근처에서 간단히 점심을 먹

실크로드의 시작점을 기념한 작은 공원

고 첫 여정으로 실크로드의 시작점을 기념해서 만든 작은 공원으로 갔다.

시안은 그리스의 아테네, 이탈리아의 로마, 이집트의 카이로와 함께 세계 4대 고도古都 가운데 한 곳이다. 중국 내륙 중서부에 위치하여 지리적으로 유럽과도 가까워 과거 동양과 서양의 문화 교류에 있어서 아주 중요한 역할을 했던 도시이다. 특히 유럽으로 통하는 무역로인 실크로드가 시작되는 곳으로, 지금은 지난 역사를 기념하는 조각상과 작은 공원이 도심으로 들어가는 차도 옆으로 조성되어 있다.

조각상을 자세히 살펴보니 중국계 사람들이 아니라 중동의 이란 사람들이었고 말 대신 낙타를 타고 가는 당시의 이동 모습을 실감 나게 형상화해놓아 인상 깊었다. 최근 들어 시안은 중국의 내륙 개발의 핵심지로 시진핑習近平 주석의 고향이 산시성陝西省이어서 더욱 주목받고 있다. 게다가 한국 대통령이 관심을 갖고 방문을 하고 대규모의 삼성 반도체 공장 단지가 조성 중에 있다고 하니 앞으로 한국과의 관계가 아주 활발한 도시로 급부상할 것으로 예상된다.

다음 장소인 산시역사박물관陝西歷史博物館으로 이동했는데 여기서부터 중

국 국경절의 위력을 드디어 실감했다. 매표소 입구에서부터 늘어선 인파 탓에 제1전시실에서부터 관람 적정 인원이 입장하도록 통제하고 있었다. 중국 최초의 통일 왕조인 진나라를 중심으로 그 이전의 고대 국가와 진나라 이후 수나라와 당나라까지 비교적 앞선 시기의 중국 역사와 문화를 잘 보존해놓은 곳이었다.

박물관을 나와 첫째 날의 마지막 장소인 다옌탑大雁塔으로 갔다. 사실 탑이라기보다는 웅장한 건물에 가까웠는데, 실제로 이곳은 '자모은덕慈母恩德', 즉 '어머니의 은혜에 보답한다'는 뜻을 가진 자은사慈恩寺라는 절이 있던 곳이다. 입구에서부터 익숙한 모습의 동상이 여행객들을 맞이해주었는데, 그 동상은 바로 손오공, 사오정, 저팔계가 나오는《서유기》의 삼장법사이다. 당나라의 고승 현장은 삼장법사로 불리는 인물로 그가 인도에 가서 불경을 가져와 그 경전을 보존하기 위해 이 탑을 건립했다고 한다. 시안 시내에 가면 이보다 규모가 작은 샤오옌탑小雁塔이 있어 왜 '옌雁'이라는 글자가 탑 이름에 공통으로 들어가는지 궁금함이 더해졌다. 관련 기록을 살펴보니 두 가

다옌탑

지 이야기가 전해오는데, 첫째는 현장법사가 인도로 가던 중 사막에서 길을 잃어버려 죽을 고비에 처했는데 이때 기러기가 길을 안내해주어 오아시스를 찾았고 무사히 인도로 갈 수 있었다는 데서 기러기의 은덕을 감사히 여겨 탑을 세웠다는 것이다. 둘째는 석가모니가 수행을 하던 중에 홍수가 나서 길이 끊겨 먹을 것이 없어 굶주렸는데 마침 기러기가 날아가는 것을 보고 먹고 싶다는 생각을 했더니 그 기러기가 떨어져 죽었다는 것이다. 이를 안타깝게 여긴 석가모니는 기러기를 정성스럽게 묻어주고 그곳에 탑을 세웠다는 이야기가 전해지는데, 현장법사가 이를 교훈으로 삼아 탑을 쌓고 그 이름을 다옌탑이라고 지었다는 것이다. 이백李白, 두보杜甫와 더불어 당대唐代를 대표하는 시인이었던 백거이白居易가 〈삼월삼십일제자은사三月三十日題慈恩寺〉라는 시를 지어 떠나는 봄을 아쉬워하며 자은사의 봄 경치를 더 이상 볼 수 없음을 한탄했다고 하니, 잠시라도 그 시절 자은사의 봄을 만끽하고 싶은 느낌이 들었다.

둘째 날 일정은 내가 시안으로 온 이유인 진시황릉秦始皇陵과 병마용兵馬俑을 보러가는 것이었다. 국경절 연휴로 수많은 여행객이 몰릴 것으로 예상하고 아침 7시 반에 호텔에서 출발했다. 아니나 다를까 병마용박물관 입구에는 중국 전역에서 몰려온 사람들로 움직이기가 힘들 정도였다.

병마용은 시안 시내에서 동북쪽으로 약 30km, 진시황릉의 동쪽 1.5km 지점 땅속에서 우연히 발견되었다. 물이 귀한 지방이라 농사지을 물을 얻기 위해 우물을 파던 한 농민이 땅속에서 도기 파편을 몇 조각 발견한 것을 계기로 병마용은 2,200년간의 잠자던 역사에서 비로소 깨어났다. 발굴 조사 결과, 동서로 230m, 남북으로 62m의 굴에서 실물 크기의 말, 전차, 병기, 병사 등 6,000여 개가 넘는 토용土俑이 발견되었다. 진시황은 생전에 자신의 무덤을 만들면서 비밀스럽게 병마용을 같이 만들었기 때문에 수천 년이 지나서도 그 존재를 알 수 없었다니 그 자체로 불가사의가 아닐 수 없다.

병마용

병마용박물관은 천장에 돔을 만들어 발굴 현장을 그대로 보존하는 방식으로 현재까지 3개의 갱을 일반에게 공개하고 있다. 그중 가장 큰 제1호 갱은 들어가는 순간 모든 사람들을 압도하는 어마어마한 규모와 살아 숨 쉬는 듯한 병마용들의 줄지은 모습에 감탄사가 절로 나온다. 주로 병사들의 토용이 있는데 대개 키는 184~187cm, 무게는 300kg 정도가 된다. 원래는 토용에 모두 채색이 되어 있었는데 발굴 이후 거의 대부분 색이 바래거나 사라져 지금은 황토빛 그대로 노출되어 있다. 제2호 갱은 제1호 갱이 발견된 후 20년이 지나서 발굴을 시작해 아직 제대로 된 모습을 갖추지는 못한 상태이다. 활을 쏘는 병사 중에서 앉아서 쏘는 병사, 서서 쏘는 병사를 발견한 점이 다르다. 제1호 갱은 우군右軍, 제2호 갱은 좌군左軍으로 편성되었고 마지막 제3호 갱은 가장 규모가 작은 곳으로 지휘부에 해당하여 사람과 말이 함께 출토되었다고 한다. 현재 제4호 갱의 발굴도 시작되어 앞으로 얼마나 많은 토용이 발굴될지는 미지수이다.

병마용을 둘러보고 나서 막강한 군주 진시황의 권력에 정말 놀라지 않을 수 없었다. 토용의 얼굴과 동작 하나하나가 전부 다르고 너무나 정교하게 조각된 것을 눈앞에서 마주하니 당시 공예 기술의 우수성도 엿볼 수 있었다.

병마용박물관에서 나와 셔틀버스를 타고 진시황릉으로 갔다. 온갖 수수께끼로 가득 찬 진시황릉은 무덤이라기보다는 작은 산에 가까울 정도로 그 규모가 엄청났다. 기록에 의하면, 땅을 깊게 파서 구리 녹인 물을 부어 방수 처리를 한 후 궁전과 신하들의 자리를 만들어 말 그대로 지하 궁전을 지었다고 한다. 그러고는 당대의 진귀한 보물들로 그 안을 가득 채우고 이를 지키기 위해 후세에 보물을 도굴하면 화살이 자동으로 발사되는 기계를 설치했고, 무덤 주위에는 수은이 섞인 강를 만들어 외부의 침입을 차단했다. 그리고 고래 기름으로 촛불을 밝혀 오랫동안 불이 꺼지지 않도록 했으며 이러한 사실을 아는 궁 안의 사람들을 모두 순장시켰다고 한다. 마지막으로 무덤 위에 나무를 심어 세상 사람들이 무덤인지를 알지 못하게 했다고 하니 정말 놀랍다는 말밖에는 나오지 않았다. 현재 중국의 기술력으로는 무덤 내부를 발굴할 수가 없어 무덤 안을 들어가볼 수 없는 것이 안타까울 따름이다. 그래서 지금은 진시황릉을 보러가는 것이 그냥 멀리 있는 산 하나를 보고 오는 게 전부여서 다소 맥이 빠지는 것이 사실이다.

다음으로 당나라 현종과 양귀비의 사랑이 펼쳐졌던 화칭츠華淸池로 갔다. 3,000여 년 전부터 아주 효험 있는 온천으로 유명해서 당태종 이세민이 이곳에 탕천궁湯天宮을 짓고 목욕을 즐겼다고 한다. 그의 아들 현종 때 황제가

저 멀리 보이는 산등성이가 진시황릉이다.

화칭츠

시안사변을 소개하고 있는 전시물

머무는 궁을 조성해 화칭궁華淸宮이라 불렀는데, 매년 겨울 현종은 양귀비와 함께 이곳을 들렀다. 원래 양귀비는 현종의 며느리였지만 황후가 죽자 현종은 양귀비를 부인으로 맞아들였다. 양귀비는 남편과 연을 끊고 잠시 출가했다가 속세로 돌아오는 절차를 통해 현종의 아내가 되었다. 황제가 목욕을 했던 궁답게 연화탕蓮花湯, 해당탕海棠湯, 귀비지貴妃池 등의 목욕 시설이 그때의 모습 그대로 잘 보존되어 있었다.

그런데 중국인들에게 화칭츠는 또 한 번의 중요한 장소로 기억되고 있는 아주 특별한 곳이다. 국민당이 중국에 영향력을 크게 떨쳤던 1936년, 당시 장제스蔣介石의 부하였던 장쉐량張學良이 친공산 쿠데타를 일으킨 시안사변西安事變이 일어난 장소가 바로 화칭츠이기 때문이다. 당시 장제스는 공산군 토벌을 위해 싸우고 있던 장쉐량을 격려하기 위해 시안을 방문했다가 화칭츠에서 목욕을 하던 중 공산당과 손을 잡고 자신을 배신한 장쉐량에게 체포되어 감금되는 일을 당하고 만다. 그 결과 강압에 의한

제2차 국공합작이 맺어지게 되어 전세는 공산당에게 유리하게 급변하면서, 1949년 중화인민공화국 설립의 큰 주춧돌이 세워졌다고 할 수 있다. 아마도 시안사변이 없었더라면 국경절 연휴 시안 거리마다 '경축 중화인민공화국 설립 65주년'이라는 붉은색 플래카드가 걸려 있는 것을 보지 못했을지도 모른다. 이러한 점에서 화칭츠는 양귀비와 당 현종의 로맨스가 아니더라도 중국 역사에서 결코 잊을 수 없는 역사적 장소라고 할 수 있다.

마지막 날 아침은 좀 여유롭게 출발해 회족回族 거리로 갔다. 회족은 이슬람교를 믿는 소수민족으로 이슬람 교리에 따라 돼지고기를 먹지 않고 양고기를 주로 먹는다. 그래서 그런지 회족 거리 입구에 대형 트럭이 한 차 가득 양을 싣고 와서 내리는 모습이 가장 먼저 눈에 들어왔다. 회족 거리는 일종의 야시장으로 각종 꼬치, 전병 등 이슬람 음식을 맛볼 수 있는 곳인데, 아침부터 관광객들로 발 디딜 틈이 없이 시장 안을 가득 메우고 있었다. 회족 거리 중간쯤에 고씨장원高氏莊園이 있어 잠시 들렀다. 고씨장

회족 거리

원은 고高씨 집안의 반가班家로 명나라와 청나라 시대의 전통 건축양식과 문화를 접할 수 있는 곳이다. 수많은 사람들 틈에 그냥 지나치기 쉬운 곳인데도 시장 한가운데 옛집을 보존하고 관광지로 개발한 회족 사람들이 예사롭지 않게 생각되었다.

시안은 중국 내에서 옛 성벽이 가장 잘 보존되어 있는 곳이다. 성벽을 경계로 도시가 성안과 성 밖으로 나누어져 있어 말 그대로 과거와 현재가 공존하는 아주 인상적인 도시이다. 명나라 이전에는 시안의 이름이 장안長安이어서 장안 성벽으로 불렸는데, 높이가 약 12m, 너비가 12~18m, 둘레 길이가 13km에 달한다. 성벽 위로 올라가보니 옛 중국 역사의 흥망성쇠를 고스란히 안고 있는 옛 장안의 위용이 온전히 드러났다. 성문은 원

시안 성벽. 성곽의 폭이 아주 넓어서 자전 거와 미니 전동차를 타고 성 전체를 한 바 퀴 도는 관광객들의 모습이 눈에 띈다.

래 동서남북에 하나씩 만들어 동문은 장락문長樂門, 서문은 안정문安定門, 남 문은 영녕문永寧門, 북문은 안원문安遠門이라고 불렀는데, 지금은 조양문朝陽 門, 옥상문玉祥門 등을 더 지어 18개의 문으로 이루어져 있다. 당시 동문은 각 지방에서 곡식 등의 물건이 들어오는 문이었고, 서문은 실크로드가 시 작되는 문으로 서방 상인들이 출입했고, 남문은 황제가 다니던 문, 북문은 사절단이 다니던 문이었다. 가장 큰 남문 위에 오르면 시안의 성안과 밖의 풍경을 한눈에 내려다볼 수 있어서 많은 관광객들이 몰리는 장소이다. 장 방형의 성벽 윗길 전체를 걸어서 모두 둘러보려면 2시간 남짓은 족히 걸 리지 않을까 싶은데, 그래서인지 자전거와 미니 전동차를 타고 성벽을 둘 러보는 사람들이 아주 많았다.

유교 문화의 스승 공자가 태어난 곳으로 알려진 비림박물관碑林博物館은 중국 전역의 비석을 모두 모아놓은 곳으로 비석이 숲을 이루었다고 해서 '비림'이라고 부른다. 옛날 중국에서는 명필의 글이나 교훈 등을 화첩으로 만들지 않고 비석에 새겨 각 지역으로 내려 보냈는데, 글을 배우고자 하는 사람들은 비석 아래에서 글씨 연습을 하거나 탁본하여 공부를 했다고 한다. 그래서 지금도 비림박물관에서는 탁본하는 모습을 직접 볼 수 있어 관광객들에게 좋은 볼거리를 제공한다.

박물관 입구 현판을 보면 '비림'에서 '비碑' 자가 밭 전田 위에 점 한 획이 없는 잘못된 글자로 되어 있는 것을 볼 수 있어 시선을 끈다. 그 사연인즉 이 글씨를 쓴 사람은 아편전쟁의 도화선이 된 임칙서林則徐로 아편전쟁에 패한 후 그 책임을 지고 귀양을 가게 되었는데, 떠나기 전 현판 글씨를 부탁받고 일부러 획 하나를 쓰지 않고 귀양에서 돌아와 반드시 쓰겠노라 다짐했다고 한다. 하지만 그는 귀양이 풀린 후에 시안으로 돌아오지 못했고

비림박물관

태평천국의 난을 진압하러 갔다가 목숨을 잃어서 결국 현판의 점은 영원히 찍지 못한 채 남게 되었다고 한다.

비림박물관을 나와 바로 옆에 있는 문서 거리로 향했다. 우리나라 서울의 인사동과 비슷한 곳으로 문방사우, 글씨, 그림, 도장 등 한자 문화권의 기념품을 파는 상점이 거리 끝까지 즐비하게 늘어서 있다. 특히 일반인들로 보이는 사람들이 저마다 글씨와 그림을 가지고 나와서 길바닥에 두고 판매하는 모습이 인상적이었다. 중국 사람 모두가 명필이고 뛰어난 화가인 듯싶은 생각이 절로 들 정도로 수준급 이상의 실력을 자랑하고 있었다.

시안에서의 2박 3일 일정을 모두 끝내고 시안 셴양국제공항으로 향했다. 중국 내에서의 여행은 이동 시간이 길고 오랜 시간 걷고 또 걷는 코스가 많아 상당히 힘든 일정이 아닐 수 없다. 게다가 국경절 연휴까지 겹쳐 극심한 교통 체증과 수많은 사람들에 시달린 다소 힘든 여정이었다. 하지만 평생 보지 못할 수도 있었던 진시황릉과 병마용의 불가사의한 위용을 눈앞에서 볼 수 있었다는 사실만으로도 뜻깊은 여행이었다.

여행 중에 이탈리아인을 비롯한 유럽 사람을 많이 만났다. 세계 4대 고도 중의 한 곳인 로마의 나라 이탈리아에서는 시안에 상당한 관심을 가지고 있다고 한다. 나로서는 세계 4대 고도 중 이제 한 곳을 직접 와 본 셈이다. 이제 로마, 아테네, 카이로가 남았다. 시안을 출발점으로 삼은 실크로드를 따라 서쪽으로 가고 싶은 마음이 문득 솟아오르는 것을 느끼면서 상하이행 비행기에 올랐다.

탁본 작업 중인 모습

황산에서
세상을 내려다보다

　　중국 명나라 때 학자인 서하객徐霞客은 오악伍嶽을 보고 나면 다른 산이 안 보이고, 황산黃山을 보고 나면 오악이 보이지 않는다고 했다. 그만큼 황산은 중국 최고의 명산으로 황산을 오르고 나면 천하에 산이 없는 것 같은 느낌이 든다는 것이다. 원래 황산은 산이 검다고 하여

자연의 경이로움 앞에 무릎 꿇게 하는 황산

이산黟山이라고 했는데, 한족의 시조로 추앙받는 황제가 이곳에서 수행을 한 후 득도하여 신선이 되었다고 해서 당 현종이 이름을 황산으로 바꾸어 부르면서 지금까지 내려오는 것이라 한다. 황산은 예부터 기송奇松, 기석奇石, 운해雲海, 온천溫泉으로 유명했는데 지금은 산에 물이 부족해서 온천의 명성은 예전만큼은 못하다.

황산을 오르는 코스는 크게 두 가지로 황산 대문에서 온천 지구를 거쳐 정상인 연화봉蓮花峰으로 오르는 전산코스와 이름만 남아 있는 운곡사에서 출발해 백아령白鵝嶺을 거쳐 광명정光明頂으로 오르는 후산코스이다. 등산에 익숙하지 않은 사람들은 해발 1800미터에 달하는 황산을 무리하게 걸어서 오르기보다는 케이블카를 타고 일정한 곳에 도달했다가 경치를 감상하며 걸어 내려가는 것도 좋을 듯하다. 나는 태평케이블카를 타고 북해까지 올라가 서해대협곡을 따라 걸으며 광명정에 올랐다. 그리고 광명정에서 내려와 사림호텔에서 하룻밤을 묵은 뒤 다음 날 새벽 청량대淸凉臺에서 일출을 본 후 시신봉始信峰을 거쳐 운곡케이블카로 내려오는 조금은 수월한 코스를 선택했다.

태평케이블카를 타고 황산을 오르는 순간부터 감탄사가 절로 나왔다. 한국의 어느 산에서도 볼 수 없는, 말 그대로 절경이 파노라마처럼 펼쳐졌다. 첩첩산중의 기암괴석과 바위를 뚫고 자란 소나무들을 바라보면서 새삼 자연의 신비로움과 경이로움 앞에서 겸허해질 수밖에 없었다. 케이블카에서 내려 황산의 두 번째 높은 봉우리인 광명정(1840m)까지 오르는 데는 3시간 정도가 소요된다. 서해대협곡을 왼쪽으로 바라보면서 걷는데, 왜 산을 바다라고 부르는지 알 수 있었다. 높은 산 위에 마치 좁은 계곡을 타고 물이 흐르는 듯한 협곡의 진풍경을 보고 있자니 감탄사로밖에는 표현할 길이 없었다. 특히 운해가 자욱하게 끼는 날이면 이곳은 해무가 잔뜩 낀 바다 위를 걷는 듯한 느낌에 젖어든다니 그 이름이 서해대협곡인 이유를 다시 한 번 절감했다. 가파른 계단 길을 오르락내리락하니 금세 종아리

근육이 딱딱하게 굳어지는 게 느껴졌다. 준비되지 않은 사람은 함부로 산을 오르면 안 된다는 경고인 듯했다.

3시간 남짓 걸었을까. 드디어 광명정 정상에 오르자 눈앞에 펼쳐진 한 폭의 산수화 같은 풍경에 넋을 잃고 말았다. 이곳에 서면 잠시 신선이 된 듯한 착각이 든다더니, 앞으로 보이는 연화봉, 천도봉天都峰 등 황산의 주봉들을 한눈에 다 볼 수 있어서 전망으로는 정말 으뜸인 곳이었다. 황산에는 "경치를 보며 걷지 말고, 걸으면서 경치를 보지 말라"는 경고문이 있다고 한다. 가끔 이런 경치에 넋을 잃고 위험에 빠지는 사람들이 많기 때문인데, 이 말이 결코 거짓말이 아니라는 것을 느낄 수 있었다.

항저우에서 아침 8시 넘어서 출발해서 오후가 되어서야 비로소 오르기 시작한 황산은 어느새 어둑어둑 저물어가고 있었다. 서둘러 숙소인 사림호텔로 이동하기 위해 빠른 걸음으로 산을 내려왔다. 숙소에 도착했을 때 이미 황산은 캄캄한 적막에 잠겨 있었다. 산을 오르면서 보았던 아름다운 황산의 모습이 어디에 있는 것인지 산 위에 있는 몇몇 호텔의 불빛만이 보일 뿐이었다. 황산 위에서의 첫날 밤은 그렇게 더욱 깊어져갔다.

다음 날 새벽 일출을 보기 위해 일찍 일어나 사림호텔 뒤쪽으로 올라 청량대로 갔다. 이미 많은 사람들이 강한 바람을 맞으며 해를 기다리고 있었다. 해돋이를 보려면 반드시 산 위에 있는 호텔에서 숙박을 해야 하는데, 황산은 1년 중에 250일 이상 안개나 운해가 끼어 있어 일출을 보기란 정말 어려운 일이라고 한다. 하지만 지난밤의 무수한 별들과 맑은 날씨로 미루어 오늘은 해를 볼 수 있는 확률이 아주 높은 날이라고 하여 잔뜩 기대를 하고 기다렸다. 아니나 다를까 줄줄이 늘어선 바위산 너머로 붉은 기운이 점점 밝아지더니 어느새 눈부신 해가 서서히 떠올랐다. 해돋이는 언제 어디서 보아도 장관이지만 멀리 중국에 와서, 그것도 천하제일 명산이라고 하는 황산에 올라 떠오르는 해를 바라보는 마음은 정말 감회가 남달랐다. 황산에 올라 해를 볼 수 있는 사람은 복이 많은 사람이라고 한다니

저 붉은 해의 기운이 앞으로의 내 삶에 새로운 빛이 되어주길 간절히 기도했다.

　해돋이를 보고 숙소로 내려와 아침 식사를 하고 황산을 내려가는 일정을 시작했다. 시신봉(1683m)을 올라갔다 운곡케이블카로 내려가는 코스를 선택했다. 숙소에서 1시간 남짓 올라가 시신봉 정상에 도착했다. 시신봉은 북해 풍경구의 가장 뛰어난 경치를 자랑하는데, 이곳에 올라야 황산이 천하의 절경이라는 말을 믿을 수 있다고 해 그 이름도 시신봉이라는 것이다. 시신봉 아래로 내려오는 길에 황산의 야생 원숭이들을 볼 수 있었다. 아주 작은 새끼 원숭이도 있는 것을 보면 아마도 이 높은 곳에서 가족을 이루며 사는 듯했다. 시신봉을 내려와 운곡케이블카를 타고 황산 아래로 내려왔다. 황산을 내려오는 케이블카 안에서 다시 한 번 황산의 진면목을 둘러봤다. 황산을 보고 나면 다른 산에 갈 필요가 없다는 말이 왜 나왔는지 이곳을 직접 와보지 않고서는 이해하지 못할 것이다. 왜 황산을 천하제일의 명산이라고 하는지 굳이 여러 말을 덧붙일 이유가 없을 것 같다는 생각이 절로 들었다.

황산의 시내에 있는 옛 거리

하늘에는 천당,
땅에는 항저우

항저우는 베이징과 항저우를 연결하는 경항대운하 京杭大運河가 시작되는 중국 동남부 첸탕강 錢塘江, 전당강 하류에 위치한 저장성 浙江省의 성도省都이다. 베이징, 시안 등과 더불어 중국 7대 고도古都 중 하나로, 시후西湖를 중심으로 펼쳐진 자연 경관이 아주 빼어난 곳이다. 중국의 옛말에 하늘에는 천당이 있고, 땅에는 쑤저우와 항저우가 있다고 했으며, 쑤저우에서 태어나서 항저우에서 사는 것이 인간의 행복이라는 말이 전해질 정도로 항저우는 중국 사람들에게 가장 이상적인 도시로 알려져 있다. 그 때문인지 이곳은 소동파, 백거이 등 중국을 대표하는 시인들이 자연과 더불어 시를 읊은 곳으로도 유명하다.

항저우하면 단연 시후를 꼽을 정도로 시후는 항저우를 대표하는 곳이다. 중국 전역에 시후라는 이름을 가진 호수는 모두 30여 개가 넘는다고 하는데, 중국인들이 '시후' 하면 가장 먼저 떠올리는 곳이 바로 항저우의 시후일 정도로 그 경관이 정말 아름답다. 시후라는 이름의 유래는 중국의

4대 미녀 중의 한 사람인 서시西施의 아름다움에 견줄 만하다 하여 지은 것이라 한다.

시후에는 당나라 시인 백거이가 쌓은 백제白堤와 북송의 시인 소식蘇軾이 쌓은 소제蘇堤 두 제방이 있다. 이 중에서 백제는 고산孤山으로 이어진 다리인 이곳이 바로 단교잔설斷橋殘雪이다. 겨울에 눈이 내린 후 다리 중앙이 녹으면 멀리서 볼 때 마치 다리가 끊어진 것처럼 보인다고 해서 이름 붙여진 곳이라고 한다. 항저우는 눈이 거의 오지 않는데, 그 때문에 흔히 볼 수 없는 눈 오는 날의 시후가 가장 아름답다는 생각을 담은 이름이 아닌가 싶다.

택시를 타고 단교 앞에 내려 다리를 천천히 건너면서 시후를 멀리 바라보았다. 그 옛날 무수한 시인 묵객들이 왜 이곳에서 시를 읊을 수밖에 없었는지 굳이 말하지 않아도 알 수 있었다. 호수라고는 믿기지 않은 아득한 물결 위로 여기저기 노를 젓는 배들이 떠 있고, 그 중간에 작은 섬들과 정자들이 있어서 이곳에서 호수를 바라만 보고 있어도 시인이 된 것이나 다름없는 착각을 불러일으켰다. 항저우를 제2의 고향이라고 말했던 시인 심훈沈熏도 2년 동안 이곳에 머물며 시후를 배경으로 〈항주유기杭州遊記〉라는 큰 제목으로 많은 시조 작품을 남겼다. 시후 10경西湖十景을 제재로 당시 자신의 심경을 자연에 빗대어 형상화하는 서정시의 진수를 남겼던 것이다. 그 가운데 가장 대표적인 시조가 〈평호추월平湖秋月〉이다.

1

중천中天의 달빛은 호심湖心으로 쏟아지고
향수鄕愁는 이슬 내리듯 마음속을 적시네
선잠 깬 어린 물새는 뉘 설움에 우느뇨.

2

손바닥 부르트도록 뱃전을 두드리며
〈동해東海물과 백두산白頭山〉 떼를 지어 부르다가
동무를 얼싸 안고서 느껴 느껴 울었네.

3

나 어려 귀 너머로 들었던 적벽부赤壁賦를
운파만리雲波萬裏 예 와서 당음唐音 읽듯 외단말가
우화이羽化而 귀향歸鄕하여서 내 어버이 뵈옵고저.

〈항주유기〉는 시후 10경이나 정자, 누각 그리고 전통 악기 등을 소재로 자연을 바라보는 화자의 심경을 전통 서정의 세계로 승화시킨 시조이다. 즉, 그가 항저우에 머무를 당시에 시후의 경치를 유람하면서 느낀 자신의 마음을 아름다운 자연 풍광에 빗대어 표현한 것이다.

　단교를 건너 시후를 둘러보면서 나는 무엇보다도 심훈이 느꼈던 그 시절의 마음을 온전히 느껴보고 싶었다. 그는 왜 이곳 항저우에 와서 머무르게 되었는지 그리고 무슨 이유로 시후의 자연에 빗대어 서정적 시편들을 남겼는지, 지금은 아무도 모르는 그때의 사정을 시후만은 알고 있을 것 같았다. 베이징과 상해를 거쳐 항저우로 온 심훈에게 신산한 삶의 여정과 내면의 갈등과 회의는 시후 앞에서 철저하게 무너지고 말았을지도 모른다.

시후를 가만히 바라보고 있으니 나 역시 세상일의 복잡함과 마음속 깊이 가라앉아 있는 슬픔, 상처를 흐르는 물결 위에 내려놓지 않을 수 없었다. '자연 앞에서 겸허해진다는 것이 바로 이런 것이 아닐까' 잠시나마 생각하면서 끊어진 다리의 물 위를 걷는 마음으로 단교를 건너 돌아왔다. 문득 다시 학창 시절로 돌아가 시를 쓰고 싶다는 생각이 잔잔한 호수처럼 밀려왔다. 시후는 모두에게 시인의 마음을 갖게 하는 곳이 아닌가 싶다. 도시의 중심에 시후를 품고 있는 항저우가 진정 중국인들이 가장 살고 싶어하는 곳인 이유도 바로 여기에 있을 것이다.

심훈이 다녔던 즈장之江대학으로 발길을 돌렸다. 3·1운동으로 옥고를 치르고 나와 1920년 말 베이징으로 건너간 심훈은 난징, 상하이를 거쳐 항저우 즈장대학에서 2년간 공부한 후 귀국했다. 즈장대학은 첸탕강이 바라보이는 언덕에 자리 잡고 있는데 울창한 숲들과 옛 건물들이 그대로 남아 있는 아름다운 캠퍼스였다. 대학교라기보다는 산속의 비밀스러운 공원 같은 느낌을 지닌 캠퍼스를 거닐면서, 이곳 어딘가에서 1920년대 심훈이 조국과 가족을 그리워하며 산책을 즐겼을 거라고 생각하니 가슴이 뭉클해졌다. 심훈이 중국으로 망명 유학을 떠나서 왜 이곳 항저우에까지 와서 즈장대학을 다녔는지에 대해서는 구체적인 기록이 없어서 지금으로서는 전혀 알 길이 없다. 다만 그는 즈장대학 시절의 추억을 시후 10경을 제재로 한 〈항주유기〉라는 여러 편의 시조를 남겼고, 첸탕강을 바라보며 쓴 시 〈전당강 위의 봄밤〉을 그의 아내 이해영에게 보낸 편지에 동봉하기도 했는데, 이런 작품들을 통해 당시 그의 생활과 내면을 짐작해볼 따름이다.

캠퍼스 위에서 바라보니 푸른 나무들 사이로 첸탕강이 내려다보였다. 지금은 강 건너편으로 높은 빌딩들이 세워져 지난날 강변의 아늑한 풍경을 느낄 수는 없었다. 아마도 그때 심훈은 매일같이 캠퍼스를 산책하며 첸탕강의 잔잔한 물결을 바라보고 누구보다 간절히 조국과 고향을 생각하지 않았을까.

즈장대학은 현재 저장대학교 즈장캠퍼스로 편입된 곳으로 미국 기독교에 의해 세워진 대학이다. 당시 중국의 13개 교회대학 가운데 가장 먼저 세워진 학교로, 화둥華東 지역의 5개 교회대학金陵, 東吳, 聖約翰, 滬江, 之江 중 거점 대학이었다. 1912년 12월 10일 신해혁명의 주역 쑨원이 즈장대학을 시찰하고 강연을 했을 정도로 당시 이 대학은 서양을 향한 중국 내의 중요한 통로 역할을 했다. 학생들은 "타도 제국주의! 타도 매국적賣國賊"을 외치며 5·4 운동에도 적극 가담하는 등 서구 문화의 수용과 그에 따른 진보적인 위기를 동시에 배양하고 있는 곳이었다.

캠퍼스를 돌아보니 즈장대학의 역사를 사진으로 정리해놓은 전시 공간에 쑨원과 당시 즈장대학 전 교직원이 함께 찍은 단체사진이 있었다. 심훈의 중국에서의 행적으로 미루어 그가 사회주의 독립운동가들과 아주 친밀한 사상적 교류를 나누었다는 사실과 즈장대학을 다니게 된 경위는 아마도 깊은 관련이 있지 않을까 하는 생각이 들었다.

전당강 위의 봄밤
- 하도 그대의 앓는 얼굴이 보이기에 지은 것

가거라! 가거라!
지나간 날의 애처로운 자취여
가엾이도 희고 여윈 얼굴이여
나의 머리에서 가거라!

눈앞에 보이지도 말고
꿈속에 오지도 말고
소낙비 뒤의 구름같이
흩어져 없어져서
다시는 내 마음 기슭으로
기어들지를 말아라.

불 같은 키스를
주던 나의 입술은
하염없는 한숨에 마르고
보드라운 품에 안기던
가슴속엔 서리가 내렸다.

아, 첫사랑의 애닮던 꿈이여!
두견새 우는 노곤한 봄밤
나그네의 베갯머리로는
제발 떠오르지를 말아라.

즈장대학을 나와 택시를 타고 항저우 시내에 있는 대한민국임시정부 청사로 갔다. 상하이 홍커우공원에서 있었던 윤봉길 의사의 폭탄 테러 사건 이후 대한민국임시정부는 일본의 감시와 통제를 견딜 수 없어 상하이 임시정부를 폐쇄하고 이곳 항저우로 옮겨왔다. 항저우 대한민국임시정부 청사는 바로 이때의 역사를 기록하고 보존해놓은 장소이다. 항저우 최고의 관광지인 시후 주변에 있었지만 상하이 도심 한가운데 초라하게 명맥을 지키고 있는 상하이 임시정부와 마찬가지로 이곳 역시 쓸쓸한 모습으로 지나가는 사람들을 맞이하고 있었다.

전시실 내부를 돌아보는데 안내하는 사람은커녕 이곳의 역사적 의미를 알려주는 해설사도 없었다. 중국 여러 곳에 있는 대한민국임시정부 청사가 왜 존재하는지에 대한 뚜렷한 역사의식과 문제의식을 심어주는 곳이 아니라면, 이곳은 중국 사람들에게든 심지어 한국 사람들에게도 그저 스쳐 지나는 전시 공간에 머무를 수밖에 없을 것이다.

역사를 성찰함에 있어서 뒤를 올바르게 돌아보지 못하면 결코 앞을 내다볼 수 없다는 사실을 반드시 기억해야 한다. 이곳 항저우에 와서 심훈의 중국에서의 행적을 정확하게 기억하고 보존하는 일이 앞으로 우리 문학과 역사가 함께 책임져야 할 중요한 과제라고 생각했던 이유도 바로 여기에 있다. 대한민국임시정부에 대한 역사적 기록은 물론 해외 독립운동과 관련된 우리의 역사와 문화를 지켜나가는 일에 한국 정부가 앞으로 더 많은 관심을 기울여야 할 것이다.

항저우 대한민국임시정부 청사

루쉰을 찾아가는 과정:
사오싱

●

       절강월수외국어대학에서 개최되는 국제학술대회 발표가 있어서 사오싱紹興으로 갔다. 사오싱은 중국에서 강남을 이야기할 때 항저우, 쑤저우와 더불어 빼놓지 않는 곳으로, 도시 전체가 루쉰으로 시작해서 루쉰으로 끝나는 중국 근대의 대문호 루쉰의 고향 마을이 있는 곳이다. 또한 사오싱은 예부터 물이 풍부해 논 농사가 잘 되었고, 쌀 품질이 우수해 사오싱의 찹쌀로 빚은 사오싱주紹興酒는 중국을 대표하는 명주로 손꼽힌다.

    중국 강남 지역 대부분이 그러하듯 사오싱 역시 수향마을의 고즈넉한 아름다움을 갖추고 있고 난정蘭亭, 월왕대越王臺 등 고사와 관련된 명승지도 많은 곳이다. 난정은 춘추시대 월나라 왕 구천勾踐이 난을 심은 데서 붙여진 이름으로, 중국의 명필가 왕희지가 이곳에서 《난정집서蘭亭集序》를 써서 서예를 하는 사람들이 반드시 들르는 필수 코스이기도 하다. 그리고 월나라의 궁전이 있었던 곳으로 알려진 부산공원은 우리가 잘 아는 고사성어 '와신상담臥薪嘗膽'의 실제 무대가 되는 곳으로 오나라 왕 부차夫差와의 싸움에서 패한 월나라 왕 구천이 곰의 쓸개를 씹으며 복수를 다짐했다는 곳이기도 하다. 월왕대 북쪽 월왕전에는 와신상담의 고사를 그린 그림이 한쪽 벽면을 채우고 있어 관광객들의 눈길을 사로잡는다.

1 루쉰 마을 입구
2 루쉰기념관

1

2

▲ 루쉰이 어린 시절 살았던 집
▼ 루쉰이 뛰어놀던 집 뒤뜰 백초원

루쉰의 소설 《공을기》에 등장하는 함형주점

일요일이라 그런지 사오싱에는 관광객들로 붐볐다. '루쉰의 소설을 따라가보자'는 말이 있을 정도로 사오싱 관광은 사실 루쉰을 찾아가는 과정이라고 해도 과언이 아니다. 상하이에 머무는 동안 루쉰공원, 루쉰기념관, 루쉰 옛집, 루쉰의 묘 등 루쉰의 자취를 찾아 분주하게 발걸음을 옮겼지만 그 어느 곳보다도 이곳 사오싱의 루쉰꾸리魯迅故裏에서의 감동에는 미치지 못했다. 루쉰이 태어나서 성장한 루쉰의 고향, 그가 살았던 옛집魯迅故居, 그의 조상이 대대로 살았던 집魯迅祖居, 그가 다녔던 서당 삼미서옥三味書屋, 그의 소설 《공을기孔乙己》에 등장하는 함형주점咸亨酒店 그리고 그의 일생을 전시해놓은 사오싱루쉰기념관 등 마을 전체가 루쉰의 모든 것을 그대로 보존해놓았다는 데서 중국 사람들에게 루쉰이 얼마나 위대한 인물로 기억되는지를 알 수 있었다.

루쉰 옛집은 그가 태어나 자라고 일본 유학을 마치고 돌아와 지냈던 침실 등을 그대로 보존하고 있었고 루쉰의 상상력이 크고 자랐던 뒤뜰 백초원百草園, 그가 열두 살부터 열일곱 살까지 공부했던 서당 삼미서옥의 책상과 의자까지도 그대로 보존되어 있어 무척 인상적이었다. 특히 책상 위에 '조早'라고 루쉰이 직접 새긴 글자가 있는데, 이것은 지각을 하지 않아야 한다고 다짐했던 어린 시절 루쉰의 조숙한 면모를 엿볼 수 있게 한다. 사오싱루쉰기념관은 상하이와 베이징에 있는 루쉰기념관보다 훨씬 체계적으로 루쉰의 삶과 사상 그리고 문학을 정리해놓아 전시공간을 따라 천천히 한 바퀴 돌아보면 저절로 루쉰을 이해할 수 있다. 무엇보다도 루쉰의 《광인일기》가 발표된 1920년대 《신청년》 초판본 등 희귀 자료를 볼 수 있어서 내게는 정말 특별한 의미를 남기는 곳이었다.

2박 3일 동안 사오싱의 어떤 곳에 있든지 어디를 가든지 간에 모든 사람들의 말은 루쉰으로 시작해서 루쉰으로 끝났다. 사오싱은 "처음부터 길이 있었던 것은 아니다. 사람들이 다니면서부터 비로소 길이 만들어진 것이다"라는 루쉰의 말이 저절로 가슴에 깊이 새겨지는 곳이었다. 중국 전역에서 루쉰을 찾아온 관광객들을 보면서 루쉰을 기억하는 것만으로도 큰 의미를 만들어가는 사오싱의 도시 문화적 가치가 정말 부러웠다. 새로운 길을 만들어가는 지혜는 거창한 정책이나 제도가 아니라, 그저 그 길을 사람들이 자주 다니게 하고 그 길 위에서 저절로 어떤 의미를 만들어가게 하는 데 있는 것이 아닐까 하는 생각이 들었다.

문득 한국 문화계가 유행처럼 떠들고 있는 스토리텔링이란 말이 씁쓸하게 다가왔다. 아무도 다니지 않던 길을 누군가가 걸어가면서부터 시작되는 것 그리고 그 길에서 만난 자연과 사람들에게서 어떤 의미를 찾아가는 것이 진정한 스토리텔링일 텐데, 우리는 이미 제도화된 이야기 틀을 만들어 그것을 따라 길을 걸어가라고 사람들에게 강요하고 있으니 정말 안타까운 일이 아닐 수 없다. 지금 스토리텔링은 문화·산업적 측면이 너무도 강해서 어떤 면에서는 전혀 인문학적이지 못한 상업화의 길을 조장하는 것은 아닌지 묻고 싶다.

일요일 아침, 사오싱 루쉰의 고향 마을을 걸으며 내가 생각하고 느끼고 마음속에 담았던 그것으로부터 새로운 이야기가 만들어지면서 비로소 스토리텔링이 완성되어 가는 과정, 즉 저마다 일률적인 이야기 속에 갇혀 똑같은 문화를 강요받는 것이 아니라 각자의 삶에 서로 다른 색깔로 스며드는 이야기를 창조해나가는 것, 그것이 바로 진정한 스토리텔링의 인문학적 지향이 되어야 하지 않을까.

짜이젠,
상하이
상하이
再見, 上海

　　　상하이에서의 마지막 밤, 떠나는 마음을 더욱 애잔하
게 만드는 겨울비가 내렸다. 1년 전 상하이로 왔을 때 일주일 동안 계속해서 내리
는 빗줄기를 보면서 밀려오는 쓸쓸함과 외로움에 정말 힘들었는데 이제는 상하이
의 빗소리마저 그리움으로 남을 것 같은 지독한 감상에 사로잡혔다. 지금까지 살
아오면서 이렇게 오랫동안 한국을 떠나 홀로 지내본 적이 없는 나로서는, 상하이
에서의 1년은 아주 특별한 경험이었고 소중한 시간이었다. 처음에는 모든 것이 낯
설고 어색했지만 사람살이가 늘 그렇듯 이제 좀 익숙해지려니 헤어짐이 다가오는
인생의 아이러니를 느끼지 않을 수 없었다.

　　이제 상하이는 나의 제2의 고향이다. 1년 동안 나는 틈만 나면 배낭 하나를 짊
어지고 상하이 곳곳을 누비고 다녔다. 상하이 사람들조차 거의 알지 못하고 가보
지 못한 역사적 문화적 장소들을 직접 찾아가보고 경험하면서 언젠가부터 나는
상하이의 여행자가 아닌 상하이 사람이 되어가고 있다는 착각이 들기도 했다. 중
국 역사 전체를 통해 볼 때 상하이의 역사는 미미할 따름이지만, '중국의 지난 100
년의 역사를 보려면 상하이로 가라'는 말처럼 중국 근현대사의 격동 시절을 고스
란히 떠안고 있는 상하이는 과거와 현재의 충돌과 공존을 동시에 볼 수 있는 아주
매력적인 도시임에 틀림없다. 근대 문명의 전시장인 백화점이 즐비하게 들어선

상하이 최고의 거리 난징루南京路를 걷다가도 쉽게 만나게 되는 뒷골목의 허름한 풍경에서 변해야 할 것과 변하지 말아야 할 것의 역사적 긴장을 온전히 느낄 수 있는 곳이 바로 상하이인 것이다.

상하이에 와서 가장 먼저 가고 싶었던 곳이 와이탄外灘이었던 것처럼, 상하이를 떠나기 전에 마지막으로 가보고 싶은 곳 역시 와이탄이었다. 황푸강黃浦江을 사이에 두고 중국 최고의 국제도시 상하이의 자부심을 마음껏 자랑하는 푸둥浦東을 마주보고 있는 와이탄. 식민지 근대의 상처가 이제는 중국 근대 문명의 상징으로 탈바꿈한 역사의 아이러니 앞에서 여전히 나는 망연자실했다. 한때는 중국에게 온갖 굴욕과 상처를 남겼던 장소가 지금은 가장 상하이다운 장소가 되었다는 데서, 나는 식민 지배의 경험을 올바른 역사로 이끌어내지 못한 우리의 안타까운 현실을 떠올리지 않을 수 없었다. 와이탄에서 바라본 푸둥 또는 푸둥에서 바라본 와이탄의 풍경은 식민지 근대의 역사를 어떻게 현재화할 것인가를 진지하게 고민하는, 뜻깊은 공간적 특성을 지니고 있다. 내게 상하이는 바로 이러한 역사적 고민을 해결해나가는 출발점이기도 했다. 지금의 상하이Shanghai에서 지난 역사 속의 상해上海를 발견하고 이해하려 했던 이유도 바로 여기에 있다.

귀국 며칠 전부터 지독한 감기에 시달렸다. 1년을 지내는 동안 건강을 잃었던 적이 단 하루도 없었는데, 막상 귀국 날짜를 잡아놓고 나니 몸의 균형이 여지없이 무너져 내리는 것을 느꼈다. 몸은 끙끙 앓고 있었지만 상하이와의 아름다운 이별을 외면할 수는 없었다. 귀국 하루 전날 밤 상해상학원上海商學院 제자들이 송별식을 마련해주었다. 비록 1년의 짧은 시간이었지만 내가 그들에게 좋은 선생님으로 기억되었다는 것이 너무나 뿌듯하고 감격스러웠다. 아이들은 문학을 사랑하는 선생님을 위해 중국 최고의 고전《홍루몽紅樓夢》을 선물했고, 상하이 곳곳을 누비며 글을 썼던 선생님이었기에 내 이름인 '河相一'이 새겨진 만년필을 건네주었다. 지난 1년을 이들과 함께해서 더욱 따뜻하고 아름답고 행복했다. 어느새 나는 상하이에 마지막 인사를 하고 있었다. 짜이젠, 상하이再見, 上海!